绍兴文理学院优秀学术著作出版基金资助

面向灾难救援的
目标定位、跟踪和分类

冯晟 沈士根 张璐 王卫星 刘一秀 司鹏举 著

U0247538

清华大学出版社
北京

内 容 简 介

本书分为 9 章：第 1～6 章介绍基于 WSN 的移动机器人动态定位算法，在概括介绍 WSN 的定位概念后，分别讨论基于网格改进极大似然的移动机器人动态定位、基于改进 APIT 的移动机器人动态定位、基于隐形边的移动机器人动态定位和路径规划、基于公垂线中点质心的移动机器人动态定位、基于递推最小二乘的移动机器人动态定位等内容；第 7～9 章介绍面向大规模应用的目标跟踪和深度学习分类，在概括介绍目标跟踪后，分别讨论时空正则化相关滤波器、步长控制方法、离散时间卡尔曼估计器、高维数据、深度学习分类和一维 VGG 网络（One-Dimensional Visual Geometry Group Network）等内容。

本书取材新颖、内容丰富、实用性强，突出基本概念的分析和技术原理的阐述，反映了无线传感器网络领域目标定位、跟踪和深度学习分类技术研究的最新成果和发展趋势，适合从事移动、无线网络体系设计与研究开发的工程技术人员阅读，也可供高等学校相关专业本科生、研究生以及从事相关领域研究的科研人员参考。

图书在版编目（CIP）数据

面向灾难救援的目标定位、跟踪和分类 / 冯晟等著. --北京：清华大学出版社，
2024.12. -- ISBN 978-7-302-67749-9

Ⅰ. TP242；X4

中国国家版本馆 CIP 数据核字第 2024MS4619 号

责任编辑：闫红梅　李　燕
封面设计：刘　键
责任校对：刘惠林
责任印制：宋　林

出版发行：清华大学出版社
　　　　　网　　　址：https://www.tup.com.cn, https://www.wqxuetang.com
　　　　　地　　　址：北京清华大学学研大厦 A 座　　　　邮　　编：100084
　　　　　社　总　机：010-83470000　　　　　　　　　　邮　　购：010-62786544
　　　　　投稿与读者服务：010-62776969, c-service@tup.tsinghua.edu.cn
　　　　　质量反馈：010-62772015, zhiliang@tup.tsinghua.edu.cn
　　　　　课件下载：https://www.tup.com.cn,010-83470236
印　装　者：三河市春园印刷有限公司
经　　销：全国新华书店
开　　本：185mm×260mm　　**印　张**：12.25　　　　　**字　数**：301 千字
版　　次：2024 年 12 月第 1 版　　　　　　　　　　　**印　次**：2024 年 12 月第 1 次印刷
定　　价：69.00 元

产品编号：100297-01

PREFACE

移动机器人的室内动态定位是机器人和传感器网络领域中的关键问题。首先,考虑不同的平台对定位性能具有重要影响,结合三种平台开展了移动机器人定位算法的研究工作,包括无线传感器网络(Wireless Sensor Network,WSN)、摄像机网络(Camera Network,CN)和无线多媒体传感器网络(Wireless Multimedia Sensor Network,WMSN)。其次,为了解决在各种场景中跟踪目标状态的视觉跟踪优化问题,将卡尔曼滤波器(Kalman Filter,KF)与时空正则化相关滤波器(Spatial-Temporal Regularized Correlation Filter,STRCF)结合起来用于视觉跟踪,以克服由于大规模应用变化引起的不稳定性问题。最后,在灾难救援场景中,伤员经受过度刺激和创伤,极易诱发心血管疾病(Cardiovascular Disease,CVD)。随着人工智能技术和物联网的成熟,物联网用于心音信号的自动分析和分类有望在灾难救援领域提供实质性的改进。心音信号作为高维数据在过于复杂和不稳定而不可行的情况下,可以设计更灵活的分类器,以适应复杂和多样的高维数据。

第1章主要介绍研究背景与意义,内容包括无线传感器网络定位算法、基于卡尔曼滤波的目标跟踪和面向高维数据的深度学习分类概述,以及国内外研究现状和研究内容及组织结构。

第2章针对移动机器人在室内网络盲区的动态定位失效问题,提出了一种动态选择信标节点建立网格区域的自主动态定位算法。采用传感器网络信标节点的信号强度信息进行测距,使用基于网格改进的极大似然算法实现机器人的定位,并通过卡尔曼滤波器进行定位误差校正。具体来说,该算法将经典卡尔曼滤波器和定位算法相结合,实现了算法结果的平滑和优化。实验结果表明,在网络盲区中卡尔曼滤波比其他算法具有更好的性能。

第3章针对室内无线传感器网络通信传输不稳定和定位精度较差的情况,提出了一种移动机器人自主动态定位算法。通过实时选择邻近信标节点,确定节点坐标构成的边界,绘制局部网格空间,实现机器人动态定位。采用基于测距的改进近似三角形内点测试(APIT)算法进行定位,再使用卡尔曼算法修正定位误差。对于室内网络传输不稳定的情况,该算法有效地改善了定位效果。

第4章针对网络非全局刚性和经典三边测量法失效的问题,提出了基于隐形边的最大范围定位(Maximum Range Localization with/without shadow edges,MRL)算法,在选择的节点无法相互感知的情况下实现了在最大范围内定位移动机器人。MRL算法利用移动机器人自身的可移动性和智能性,到达最大边界范围。为了利用信标节点自动部署技术实现灾后未知区域探索,移动机器人的路径规划必须具备避障和无线传感器网络中的非视距(Non Line Of Sight,NLOS)定位功能。为此,提出了基于三角形和生成树的路径规划算法,实现室内环境中信标节点的增量式部署。通过与三边测量法进行深入的比较研究,证明该算法可以在三边测量法失效的情况下实现成功定位。

第5章针对在多摄像机系统中的联合标定和实时三维定位问题,提出了三维定位方法,融合多视角二维图像坐标实现实时三维空间定位。通过改进公垂线中点质心(Improved Common Perpendicular Centroid,ICPC)算法,减少了阴影检测的负面效果,改进了定位精度。然后,以联合标定算法实现了多摄像机同步获取内部参数和外部参数。实验结果表明,该算法实现了室内多视角监控环境下的精确定位并有效降低了计算复杂度。

第6章针对在无线多媒体传感器网络中获取移动机器人三维信息时存在网络不稳定和协调器端通信瓶颈等问题,提出了适应动态网络环境的实时三维定位算法,在室内多视角无线多媒体传感器网络中同步定位移动机器人,并结合多种智能传感器建立了适用于实际应用的智能传感器架构。递推最小二乘(Recursive Least Squares,RLS)算法融合了多视角二维图像坐标,可计算移动机器人的三维空间位置,所提出的误差补偿机制能够有效抑制多视角数据融合产生的误差。实验结果表明,该算法可以在室内无线多媒体网络环境中实现可靠和有效的实时三维定位。

第7章在计算机视觉的许多应用中考虑视觉跟踪,并基于灾难救援活动期间智能监控应用的各种评估标准,寻求实现最佳跟踪精度和稳健性,提出了一种新的框架,将卡尔曼滤波器与时空正则化相关滤波器结合起来用于视觉跟踪,以克服大规模应用变化引起的不稳定性问题。为了解决突然加速和转向导致的目标丢失问题,提出了一种步长控制方法来限制框架输出状态的最大振幅,该方法基于真实场景中对象的运动规律提供了合理的约束。此外,在大规模实验中分析了影响该框架性能的属性。实验结果表明,该框架在某些特定属性的OTB-2013、OTB-2015和Temple-Color数据集上优于STRCF,并实现了计算机视觉的最佳视觉跟踪。与STRCF相比,对于OTB-2015数据集上的背景杂波、照明变化、遮挡、平面外旋转和视图外属性,该框架分别实现了 2.8%、2%、1.8%、1.3%和 2.4%的 AUC 增益。对于非模糊视频,该框架表现出比竞争对手更好的性能和更强的稳健性。

第 8 章在高维数据分类的众多应用中考虑深度学习模型,并寻求在综合评估 (Comprehensive Evaluation,CE)活动期间实现基于多准则决策(Multi-Criteria Decision-Making,MCDM)的高维数据分析应用的最佳评估精度和稳健性。为此,提出了一种新的一维 VGG 网络(One-Dimensional Visual Geometry Group Network),以克服高维数据过于复杂和不稳定的问题。然后,为了有效处理 MCDM 应用,提出了一种 1D_VGGNet 分类器,将应用于图像数据的二维卷积替换为应用于 MCDM 的一维卷积。此外,为了解决生成的特征图的不变性问题,可以灵活调整 Maxpooling 的核大小,以有效地满足降低特征图维数和加快不同数据集的训练和预测的要求。该改进对于各种高维数据应用场景是合理的。此外,提出了一种新的目标函数来准确评估网络模型的性能,因为目标函数包括各种具有代表性的性能评估度量,并且计算平均值作为 CE 评价指标。实验结果表明,对于 MIT-BIH 心律失常数据库的综合分类,该框架优于一维卷积神经网络(One-Dimensional Convolutional Neural Network),在指定的评价指标下,平均增益为 12.3%。

第 9 章对研究工作进行了总结,并展望了未来的研究工作。

本书得到了教育部学位与研究生教育发展中心 2023 年度主题案例课题(编号:ZT-231034902)、浙江省自然基金项目(编号:LZ22F020002 和 LTY22F020003)、浙江省高等教育协会 2023 年高等教育研究项目(编号:KT203098)、绍兴文理学院人工智能研究院开放课题、国家自然科学基金项目(编号:62303100、62206083、62201200 和 62271321)、中央高校基本科研业务费(编号:N2223023)、中国博士后科学基金(编号:2023M730982)和绍兴文理学院优秀学术著作出版基金的资助。

由于作者水平有限,书中难免存在疏漏之处,恳请广大读者批评指正。

作 者

2024 年 1 月 22 日

CONTENTS

第1章

绪 论

1.1 研究背景与意义

1.1.1 选题依据和背景情况

1. 无线传感器网络定位算法

随着微电子机械系统（Micro-Electro-Mechanism System，MEMS）、片上系统（System on Chip，SoC）、无线传输协议、低成本嵌入式设备、多种传感器和大数据的飞速发展，无线传感器网络（Wireless Sensor Network，WSN）成为信息技术的骨干之一。由于 WSN 具有自组织网络、大范围部署和能够承受恶劣环境条件的优点，因此 WSN 在区域监控、环境感知、森林火灾检测和自然灾害预防等方面具有广泛的应用。因为自主移动机器人能够在不可控环境中自由移动，所以动态定位、路径规划和自动部署是自主移动机器人的重要研究领域。

由于大多数情况下自然灾害具有随机性和不可预测性，无法事先获得灾害环境的相关信息，因此要求移动机器人在任意时间和任意条件下都能探索灾后未知区域。同时定位和绘制地图技术（Simultaneous Localization And Mapping，SLAM）是移动机器人探索未知区域的一种有效解决方案。然而如果移动机器人在大范围区域连续工作较长时间，基于里程表和陀螺仪的累积定位误差会显著增加。针对累积误差问题，基于

WSN 的移动机器人动态定位提供了强大的解决方案。定位算法能接收信号强度信息（Received Signal Strength Indication，RSSI）和信标节点的位置信息，取代里程表和陀螺仪的数据，获取机器人的实时坐标。

2. 基于卡尔曼滤波的目标跟踪

在过去的几十年中，视觉跟踪技术发展迅速。给定视频第一帧的对象边界框，目标是学习一个分类器来预测下一帧中的对象边界盒。面临的挑战是，对象是不可知的，并且仅由其初始位置和规模定义。随着视觉跟踪技术的发展，一些研究人员使用鉴别或生成方法在线学习对象外观的相关滤波器，而其他研究人员尝试离线训练深层架构，如 Siamese 网络，从对象模板中选择最相似的候选模板。然而，与自然目标跟踪相比，它在视觉机器人跟踪中存在一些差异性挑战，如相机运动、部分遮挡和完全遮挡。当搜索区域在连续帧中急剧变化时，大多数方法的灵敏度都很低。当物体被遮挡时，物体外观的长期缓慢变化，使得相关滤波器（Correlation Filter，CF）的存储不准确。卡尔曼滤波器（Kalman Filter，KF）是一种用于定位误差校正以提高移动机器人定位精度的强大解决方案，因为 KF 可以平滑和优化定位算法的目标状态。因此，一个合理的解决方案是将 KF 与最先进的跟踪器相结合，以校正视觉跟踪误差，并提高计算机视觉在各种场景下的性能。

3. 面向高维数据的深度学习分类

随着工业化、城市化和全球化的加剧，心血管疾病（Cardiovascular Disease，CVD）对人类健康构成了严重威胁，导致全球越来越多的人死亡。**尤其是在灾难救援场景中，伤员经受过度刺激和创伤，极易诱发 CVD**。总体的 CVD 的流行病例几乎翻了一番，从 1990 年的 2.71 亿例（95％不确定区间（Uncertainty Interval，UI）：2.57 亿到 2.85 亿）增加到 2019 年的 5.23 亿例（95％UI：4.97 亿到 5.5 亿），心血管疾病的死亡人数从 1990 年的 1210 万例（95％UI：1140 万到 1260 万）稳步增加到 2019 年的 1860 万例。残疾调整寿命年（Disability-Adjusted Life Year，DALY）和丧失寿命年的全球趋势也显著增加，在此期间，残疾患者的寿命从 1770 万（95％UI：1290 万到 2250 万）增加到 3440 万（95％UI：2490 万到 4360 万）。1990 年以来，因缺血性心脏病（Ischemic Heart Disease，IHD）导致的 DALY 总数稳步上升，达到 1.82 亿（95％UI：1.70 亿到 1.94 亿）DALY，2019 年死亡 914 万（95％UI：840 万到 974 万）人，2019 年流行的 IHD 病例达到 1.97 亿（95％UI：1.78 亿到 2.2 亿）。自 1990 年起，中风导致的 DALY 总数稳步增长，达到 1.43 亿（95％UI：13.33 亿到 1.53 亿）DALY，2019 年有 655 万（95％UI：600 万到

702万)人死亡,2019年有1.01亿(95％UI：9320万到1.11亿)中风流行病例。

2006年以来,中国CVD的患病率一直在不断增加。在大约2.9亿名CVD患者中,中风、冠心病、肺心病、心力衰竭、风湿性心脏病、先天性心脏病和高血压的患者分别为1300万名、1100万名、500万名、450万名、250万名、200万名和2.45亿名。就死亡率而言,中国2/5的死亡归因于CVD,高于癌症或其他疾病的死亡率。2016年,CVD仍是主要死亡原因,分别占农村和城市地区所有死亡人数的45.50％和43.16％。此外,从2009年起,农村地区CVD死亡率超过了城市地区,2016年,农村地区的CVD死亡率为每10万人309.33,城市地区为每100万人265.11。

CVD给中低收入患者带来沉重的经济负担,早期发现和诊断对降低死亡率非常重要。心脏听诊是检查心血管疾病的一种简单、必要和有效的方法,已有180多年的历史。由于其具有无创性,且能良好地反映心脏和心血管系统的机械运动,因此对心血管疾病的早期诊断至关重要。然而,心脏听诊需要丰富的临床经验和技能,而且人耳对所有频率范围内的声音都不敏感。计算机用于心音信号的自动分析和分类有望在人类健康管理这一领域提供实质性的改进。只要能够用高维数据(音频、视频、电子文本文档等)以电子方式表示这些数据,深度学习分类器和综合评估(Comprehensive Evaluation, CE)就能挖掘出数据背后的深层含义。

1.1.2　课题研究目的

1. 无线传感器网络定位算法

定位算法有时能够使用外部结构解决,如信标节点坐标数据或者GPS数据。然而,前者需要对周围环境进行修改,后者无法在室内、地下或者水下场景中获得。在这种情况下,机器人需要使用自身的传感器套件解决定位问题。超声波和激光传感器是这些年来的首选设备。然而,因为摄像机的成本越来越低和感知信息丰富,视觉解决方法越来越多地出现在移动机器人定位算法中。实际上,每个室内环境在信号传播方面都拥有独一无二的特征,该特征可以归在"室内环境"类中。室内定位环境具有如下问题：如何在复杂动态环境中捕捉传播信号的特征,以及如何适应不同移动设备的接收端增益差等。

移动机器人动态定位算法包括被动定位和主动定位。该分类的目的是在灾难救援系统中解决移动机器人动态定位的建模问题。移动机器人被动定位依托室内传感器网络实时监控。传感器网络负责实时检测、提取和定位移动目标。例如,在机场、地铁站、医院和办公楼等典型民用设施中,基于闭路电视体系结构的现有多摄像机系统用于室内环境的日常监控。移动机器人无法与摄像机进行数据交换。因此,移动机器人被视为行人或者车辆,从而被多视角摄像机系统检测、提取和定位。该问题属于多视角系统的实时目标跟踪问题。移动机器人主动定位,实时感知周围的多媒体数据,实现自主动态定位。例如,在军事基地和核设施中,WSN 和无线多媒体传感器网络(Wireless Multimedia Sensor Network,WMSN)部署在军事设施固定位置,实时监控潜在威胁。室内定位策略分为 5 个主要分类:基于 WSN、摄像机网络(Camera Network,CN)或者 WMSN 的室内定位,WSN 同步协议和多视角帧同步协议,网络加密算法。

本书详细研究每个分类中的经典算法,并描述各种算法的优缺点。基于定位相关的重要因素,对现有精度算法进行分析比较,例如,被动或者主动定位,基于 WSN、CN 或者 WMSN 的室内定位,WSN 同步协议和多视角帧同步协议,网络加密算法,定位误差补偿算法等。本书在对所有经典算法进行比对的同时,提出了一些开放性问题以便于进一步深入研究。

2. 基于卡尔曼滤波的目标跟踪

在视觉跟踪的背景下,将目标分类和目标估计区分为两个独立但相关的子任务通常是有意义的。目标分类的基本目的是确定目标物体在某一图像位置的存在,但只能获得有关目标状态的部分信息,如其图像坐标。然后,目标估计旨在找到完整状态。在视觉跟踪中,目标状态通常由边界框表示,可以是轴对齐的,也可以是旋转的。然后,状态估计被简化为查找最能描述当前帧中目标的图像边界框。在最简单的情况下,目标是刚性的,仅平行于摄影机平面移动。在这种情况下,目标估计简化为找到目标的二维图像位置,因此不需要与目标分类分开考虑。然而,通常情况下,对象的姿势和视点可能会发生根本性的变化,从而使边界框估计的任务变得非常复杂。

在过去几年中,通过在线区分训练强大的分类器,成功地解决了目标分类的挑战。特别是,基于相关性的跟踪器已经获得了广泛的应用。这些方法依赖于离散傅里叶变换给出的循环卷积的对角化变换,以执行有效的完全卷积训练和推理。相关滤波方法通常通过在稠密的二维网格中计算可靠的置信度得分而擅长目标分类。此外,精确的目标估计长期以来一直没有这种方法。即使是找到一个单参数比例因子也是一个巨大的挑战,大多数方法都诉诸具有明显计算影响的蛮力多尺度检测策略。因此,默认方法是仅应用分类器来执行完整的状态估计。然而,目标分类器对目标状态的所有方面都不敏感,如目标的宽度和高度。事实上,对目标状态某些方面的不变性通常被认为是鉴别模型的一个有价值的特性,以提高稳健性。不依赖分类器,而是学习一个专用的目标估计组件。

准确估计对象的边界框是一项复杂的任务,需要高水平的先验知识。边界框取决于对象的姿势和视点,不能将其建模为简单的图像变换(如统一图像缩放)。因此,从头开始在线学习准确的目标估计即使不是不可能,但也是极具挑战性的。因此,基于 KF 方法都以大量在线学习的形式整合先前的知识。然而,KF 方法常常难以解决目标分类问题。所以,要详细研究 KF 方法与基于 CF 的方法相结合的解决方案,充分利用彼此的优点和特色,以达到强大的在线学习模型的水平,进行目标估计任务。

3. 面向高维数据的深度学习分类

心音是一种生理信号,其测量被称为心音描记术(Phonocardiography,PCG)。它是由心脏收缩和舒张产生的,可以反映有关心房、心室和大血管等身体组成部分的生理信息以及它们的功能状态。一般来说,基本心音(Fundamental Heart Sound,FHS)可分为第一心音和第二心音,分别称为 S1 和 S2。S1 通常发生在等容心室收缩开始时,由于心室内压力迅速增加,已经关闭的二尖瓣和三尖瓣突然达到弹性极限。S2 发生在舒张开始时,主动脉瓣和肺动脉瓣关闭。

准确分割 FHS 并定位 S1、收缩、S2 和舒张的状态序列非常重要。在诊断检查过程中,FHS 为心脏病评估提供了重要的初步线索。提取 FHS 各部分的特征对心脏疾病的诊断进行定量分析是非常重要的。在这个框架内,自动心音分类在过去几十年中引起了越来越多的关注。

作为高维数据的一种实际应用,实现心音自动分类算法的高精度一直是研究人员的追求。流行的心音信号分类方法可以分为两大类:基于传统机器学习的方法和基于深度学习的方法。随着医学大数据和人工智能技术的最近发展,人们越来越关注心音分类的深度学习方法的开发。然而,尽管在该领域取得了重大成就,但仍存在挑战,需要开发更稳健、性能更高的方法来早期诊断 CVD。

1.2　无线传感器网络定位算法概述

1.2.1　无线传感器网络定位算法分类

为了清晰区分各种移动机器人动态定位算法的特点,将室内定位策略分为 5 个主要分类：基于 WSN、CN 或者 WMSN 的室内定位，WSN 同步协议和多视角帧同步协议，网络加密算法。具体内容如下。

1. 基于 WSN 的室内定位

WSN 是室内定位的有效方法。RSSI、TOA(Time Of Arrival,到达时间)和 TDOA (Time Difference Of Arrival,到达时间差)是 WSN 定位算法中的三个主要技术。WSN 定位是一个使用无线传感器节点构成的网络识别目标位置的过程。WSN 包括分布在周围环境中的节点和一个用户模块。从 WSN 收集的信息用于执行任务,如用户定位、用户惯性估计和基础环境监测。

2. 基于 CN 的室内定位

随着基于摄像机技术的发展,基于图像的定位算法可以使用在 GPS 信号弱的室内环境中。使用视觉信息(如基于表征的定位算法)定位相对于环境的机器人位置,在过去几十年间受到了机器人和计算机视觉社区的广泛关注。视觉机器人定位算法分为两个阶段。第一阶段包括学习视觉数据(特征)的特性,并参考观测点的空间位置,称为地图重建。第二阶段是通过最新观测到的特征找到最佳匹配的最新空间位置,称为匹配。从视觉特征到相关空间位置的地图重建是高度非线性的,并对选择的特征类型非常敏感。

3. 基于 WMSN 的室内定位

目标定位是基于摄像机节点的视觉信息估计目标的世界坐标位置。基于 WMSN 的目标面对严峻挑战。首先,图像处理通常在本地节点执行成本较高,因为本地节点计算能力有限。其次,WMSN 的带宽资源非常有限。因此,从视觉传感器向网络簇头或者协调器发送多媒体信息存在约束要求。由于摄像机感知能力的特定是定向感知,因此在图像中缺少深度维度的目标位置信息。最后,由于成本限制,WMSN 中的视觉节点装备了低分辨率的光学传感器。因此,在本地传感器层面上,滤波和目标位置相关信息提取的精度无法保证。

4. 网络同步

在许多应用场景中,摄像机同步不是问题,由于很容易建立专门的设置,由一个硬件触发线来保证所有的曝光可以在同一时间开始和结束。然而,独立摄像机网络并非如此,在应用和技术上的考虑会限制摄像机的数量和相互通信的类型。并且,大多数现成的低成本硬件缺少专门的同步控制,需要借助一些基于软件的解决方案处理时间漂移。例如,Raspberry Pi 或者类似智能传感器的设备,包括智能终端。许多现有算法可以取得连接设备的时间同步,但是,尤其在低能量和分布式设备中,网络延迟会严重阻碍准确性。最后,尽管设备间实现了精确的时间同步,仍无法保证设备获取图像帧的时间戳与物理获取时间相关,尤其在低成本嵌入式硬件中。实际上,由于捕获硬件和缓存,因此很容易发生无法预测的延迟。现存的大量文献研究算法(软件方法)使用几何相关性来标定和同步多光学传感器,然而,在同一程序中估计几何参数和时间延迟可能牺牲精度,所以同步改进方法排除了图像约束。

5. 安全定位

在许多经典的定位算法中,通常假设信标节点的坐标是完全正确的,没有任何不利因素干扰,正常的节点能够安全使用信标信息。然而,在实际的敌对情况下,一些恶意节点可以侵入传感器网络。恶意节点通过伪装技术融入或者侵入网络,会造成网络混乱和虚假数据传播。虚假坐标或者距离估计将导致正常的传感器节点产生严重的定位误差。因此,一些方法应该探索消除或者减少恶意信标节点造成的不利影响,确保基于WSN 的安全定位。在过去几年中,研究者从不同方面提出了一些传感器定位的安全策略。一些方法执行验证措施来减少使用不可信或者虚假位置信息的影响,还有一些方法应用一系列设计,包括时间、空间和一致性的特点来处理距离一致的欺骗攻击。

1.2.2　无线传感器网络定位的关键技术

1. 被动定位

移动机器人被动定位算法受到室内 WSN 感知区域覆盖。传感器网络实时检测、提取和定位移动目标。当信号源无法与定位系统协同合作时,目标只能通过被动方式进行定位。被动定位算法通常使用多个空间分散的静止传感器节点实现定位。

2. 主动定位

移动机器人主动定位算法实时感知环境多媒体数据,实现实时自主定位。基于无线电射频识别(Radio Frequency Identification,RFID)的目标定位方法的首要任务是分析无线电射频(Radio Frequency,RF)的信号强度,用于估计与移动目标之间的距离,从而实现定位。然而,因为布局设计不同,移动目标可能产生一些反射、衍射、折射、死角和无线电信号吸收,当执行这些模型时,需要考虑室内环境的影响。这严重影响了室内定位的准确性。

3. 小孔成像模型

为了从 2D 图像估计三维(Three Dimensional,3D)摄像机运动,需要应用基于小孔成像模型的视觉技术。$[X_C,Y_C,Z_C]$ 表示摄像机坐标系的坐标,$[X_w,Y_w,Z_w]$ 表示世界坐标系的坐标,摄像机光心 C 到图像帧中心 C_0 之间的距离是焦距 f,贯穿图像坐标系中心 C_0 的直线为主轴。

在世界坐标系的物理 3D 坐标点 $\boldsymbol{P}=[X_w,Y_w,Z_w]^{\mathrm{T}}$ 和在图像平面的映射 $\boldsymbol{p}=[u,v]^{\mathrm{T}}$ 之间的关系如下:

$$s\tilde{\boldsymbol{p}} = \boldsymbol{C}\tilde{\boldsymbol{P}} \tag{1.1}$$

其中,s 是比例因子;$\tilde{\boldsymbol{p}}=[u,v,1]^{\mathrm{T}}$ 和 $\tilde{\boldsymbol{P}}=[X_w,Y_w,Z_w,1]^{\mathrm{T}}$ 是 $\boldsymbol{p}$ 的齐次坐标;$\boldsymbol{C}$ 是按比例因子定义的 3×4 投影矩阵。齐次坐标用来表示线性变换投影。投影矩阵依赖摄像机内参和外参。内参不依赖于摄像机位置,但是,依赖于摄像机的内部参数,如焦距 f、在 u 和 v 方向上单位距离的像素数量 k_u 和 k_v、斜率因子 γ(当且仅当 u 和 v 方向完全正交时,$\gamma=0$),和主轴与图像平面之间的图像帧的交点坐标称为主点 $\boldsymbol{c}_0=(u_0,v_0)$。这些参数定义了摄像机的标定矩阵 $\boldsymbol{K}$,表达了摄像机坐标系和图像坐标系之间的变换,如下所示:

$$\boldsymbol{K} = \begin{bmatrix} k_u f & \gamma & u_0 \\ 0 & k_v f & v_0 \\ 0 & 0 & 1 \end{bmatrix} \tag{1.2}$$

摄像机内参和外参确定方法是对于 $\boldsymbol{K}$ 的数值计算,通常离线执行。相反地,摄像机的外参依赖摄像机在世界坐标系中的位置,与世界坐标系和图像坐标系之间的欧氏关系有关。该关系定义为 3×3 旋转矩阵 $\boldsymbol{R}$ 和在世界坐标系的 3×1 平移矩阵 $\boldsymbol{T}$。表明如果给出 3D 坐标点 $\boldsymbol{P}$ 的摄像机坐标系坐标 $\boldsymbol{P}_C$ 和世界坐标系坐标 $\boldsymbol{P}_w$,那么:

$$\boldsymbol{P}_w = \boldsymbol{R}\boldsymbol{P}_C + \boldsymbol{T} \tag{1.3}$$

4. 单摄像机定位

单一摄像机就可以实现目的定位,该框架同样适用于任意数量的摄像机。在标定步骤中计算得到的单应变换用于从每个摄像机的世界坐标系平面到图像平面的特征点匹配：

$$\begin{bmatrix} u \\ v \\ 1 \end{bmatrix} = \begin{bmatrix} H_{11} & H_{12} & H_{13} \\ H_{21} & H_{22} & H_{23} \\ H_{31} & H_{32} & H_{33} \end{bmatrix} = \begin{bmatrix} X_w \\ Y_w \\ 1 \end{bmatrix} \tag{1.4}$$

其中，H_{ij} 是单应变换矩阵的元素；(u,v) 是世界坐标系点 (X_w,Y_w) 在图像平面中的像素位置。

$$u = \frac{X_w H_{11} + Y_w H_{12} + H_{13}}{X_w H_{31} + Y_w H_{32} + H_{33}} \tag{1.5}$$

$$v = \frac{X_w H_{21} + Y_w H_{22} + H_{23}}{X_w H_{31} + Y_w H_{32} + H_{33}} \tag{1.6}$$

单应变换矩阵确定的 2D 坐标系与世界坐标系平行，由于行人的平均高度为 170 cm，因此设定高度为 170 cm。消失直线和点用于计算该单应变换。

单应变换矩阵 $\boldsymbol{H}_g$ 通过式(1.7)确定：

$$\boldsymbol{H}_g = \begin{bmatrix} \boldsymbol{H}_1 & \boldsymbol{H}_2 & \boldsymbol{H}_3 \\ | & | & | \end{bmatrix} \tag{1.7}$$

通过 z 单元变换得到的上方平面为

$$\boldsymbol{H}_u = \begin{bmatrix} \boldsymbol{H}_1 & \boldsymbol{H}_2 & \alpha.z.v_z + \boldsymbol{H}_3 \\ | & | & | \end{bmatrix} \tag{1.8}$$

其中，α 是标量因子；v_z 是 Z 方向的消失点（垂直直线）。

1.3　目标跟踪算法概述

1.3.1　目标跟踪算法分类

为了清晰区分各种目标跟踪算法的特点和区别，将目标跟踪策略分为三个主要分类：经典目标跟踪、相关过滤器和深度学习跟踪器。具体内容如下。

1. 经典目标跟踪

经典目标跟踪的主要代表方法包括光流法、滤波法和基于核的方法。光流法通过查找两帧之间对应的像素位置来计算目标的运动趋势，从而获得跟踪信息。Horn 等将二维速度场与灰度特征相结合，建立了光流约束方程，并于 1981 年提出了光流计算方法。Lucas 假设光流在一个像素的邻域内是恒定的,求解邻域内每个像素的基本光流方程。通过组合多个像素获得的光流更精确。为了解决光流法无法处理快速移动目标的问题,Bouguet 提出了一种金字塔光流算法,将图像缩放成金字塔形状,然后逐层求解,得到原始图像光流。

目标跟踪任务处理连续的帧,帧之间的关系是否得到充分利用将对跟踪结果产生很大的影响。Welch 等提出了 KF,通过前一状态预测当前状态,然后根据观测信息修改预测结果。扩展卡尔曼滤波器对非线性模型进行一阶泰勒展开,得到近似线性模型,然后使用 KF 估计状态。Julier 等提出了无迹卡尔曼滤波器,以解决扩展卡尔曼滤波器计算量大和线性误差大的问题。Nummiaro 等提出了粒子滤波器来应对无确定模型的情况。

Comaniciu 将 MeanShift 引入目标跟踪任务中,并提出了一种基于核的跟踪算法。该算法提取初始对象和当前候选区域的颜色直方图,并迭代调整 MeanShift 向量,以指向与原始对象相似度最高的候选区域。Bradski 在基于 MeanShift 的算法中添加了一种尺度变化机制,同时 HSV(色调 Hue、饱和度 Saturation 和明度 Value)颜色直方图和模板更新的应用大大提高了性能。

2. 相关过滤器

CF 早期应用于信号处理。主要原理是计算两个信号之间的相关性。为了适应不同的任务,人们提出了许多新颖的相关滤波器方法,如合成鉴别函数(Synthetic Discriminant Functions,SDF)和最小平均相关能量(Minimum Average Correlation Energy,MACE)。由于训练样本的限制,这些滤波器的峰值高度是一致的。Mahalanobis 等通过消除硬约束改进了 MACE,并提出了 UMACE。Bolme 等提出了合成精确滤波器平均值(Average of Synthetic Exact Filter,ASEF),它指定了整个图像的滤波输出,而不是训练期间的峰值。该方法在目标定位方面比以前的方法更精确。

3. 深度学习跟踪器

深度学习有助于完成许多与计算机视觉相关的任务。在目标跟踪任务中,深度神经网络(Deep Neural Network,DNN)在特征提取和位置预测方面做出了突出贡献。目前用于目标跟踪的 DNN 有自动编码器(AutoEncoder,AE)、卷积神经网络(Convolutional Neural Network,CNN)和递归神经网络(Recurrent Neural Network,RNN)。

输入与预期输出一致的自动编码器由编码器和解码器组成,通过输入和输出的丢失对网络进行训练。CNN 包含卷积层、池化层和完全连接层。LeNet5 定义了 CNN 的基本结构。Krizhevsky 等构建了一个名为 AlexNet 的深度卷积神经网络,在视觉识别挑战中取得了优异的成绩,促进了深度学习的发展。随后,ZFNet、VGGNet、GoogLeNet、ResNet 和 DenseNet 在卷积内核、网络结构和网络层方面不断创新,不断提高网络性能。目标跟踪算法应用于视频序列,但 CNN 无法利用帧间信息,造成信息浪费。因此,RNN 被应用于目标跟踪,因为它更适用于序列任务。Hochreiter 等提出了长短期记忆网络(Long Short Term Memory,LSTM)来抑制 RNN 中梯度消失的问题,然后 Graves 改进了网络,使其得到广泛应用。此外,LSTM 有许多变体,如 GRU 和 DLSTM。

1.3.2　目标跟踪的关键技术

1. 基础相关滤波器跟踪器

Bolme 等采用相关滤波器来完成目标跟踪任务。假设滤波器为 f,输入图像为 x,相关图为 g,那么:

$$g = x \otimes f \tag{1.9}$$

其中,$\otimes$ 表示循环相关。

为了加快计算速度,通过快速傅里叶变换(Fast Fourier Transform,FFT)将相关运算转换到频域。x 的傅里叶变换为 $X = \mathcal{F}(x)$,f 的傅里叶变换为 $F = \mathcal{F}(f)$,然后傅里叶域中的相关图为:

$$G = X \odot F^* \tag{1.10}$$

其中,$\odot$ 表示元素相乘。

式(1.10)中的 F^* 是要找到的过滤器。根据最小输出平方和误差滤波器(Minimum Output Sum of Squared Error,MOSSE)原理,问题描述为:

$$\min_{F^*} \sum_i |X \odot F^* - G_{Ti}|^2 \tag{1.11}$$

其中,X 是输入图像 x 的傅里叶变换;G_{Ti} 是标签 g_T 的傅里叶变换。

用等于 0 的偏导数求解式(1.11),结果如下:

$$F^* = \frac{\sum_i G_{Ti} \odot X_i^*}{\sum_i X_i \odot X_i^*} \tag{1.12}$$

滤波器 F^* 用于对下一帧执行滤波操作,获得的最大响应是目标位置。

使用相关滤波器技术完成目标跟踪任务是有效跟踪的开始。MOSSE 充分解释了基于相关滤波器的跟踪器的训练和跟踪过程。得益于频域快速计算,MOSSE 跟踪器的传输速度达到 615 帧每秒(Frames Per Second,FPS)。然而,相关滤波器和特征提取都有很大的改进空间,这为一系列改进提供了基础。

2. 核相关滤波器

MOSSE 是最早出现的目标跟踪相关滤波器。核相关滤波器是基于相关滤波器算法的一个主要改进。Henriques 等提出了核相关滤波器,然后利用方向梯度直方图(Histogram of Oriented Gradient,HOG)特征代替灰度特征来提高核相关滤波器的性能,并将其命名为 KCF(Kernel Correlation Filter)。KCF 算法于 2015 年提出,这是目标跟踪发展的另一个里程碑。在 KCF 中,作者将跟踪任务视为前景和背景的分类问题,然后将跟踪任务描述如下:

$$\min_w \sum_i (l(\boldsymbol{x}_i) - \boldsymbol{g}_{Ti})^2 + \lambda \| \boldsymbol{w} \| \qquad (1.13)$$

其中,$l(\cdot)$ 表示线性回归函数,$l(\boldsymbol{x}_i) = \boldsymbol{w}^T \boldsymbol{x}_i$;$\lambda$ 表示正则化参数。

用最小二乘法求解式(1.13),结果如下:

$$\boldsymbol{w} = (\boldsymbol{\mathcal{X}}^F \boldsymbol{\mathcal{X}} + \lambda I)^{-1} \boldsymbol{\mathcal{X}}^F \boldsymbol{g}_T \qquad (1.14)$$

其中,$\boldsymbol{\mathcal{X}} = [\boldsymbol{x}_1, \boldsymbol{x}_2, \cdots, \boldsymbol{x}_n]^T$,$\boldsymbol{\mathcal{X}}^F$ 表示 Hermitian 转置。

3. 基于预训练 CNN 的算法

每个跟踪任务仅在第一帧上有一个注释,这导致缺乏训练数据集。此外,在线训练效率低下。为了解决这些问题,通过大规模分类数据集对 CNN 进行离线训练,提取一般特征,这些特征直接用于目标跟踪任务。

Hong 等提出了一种由 CNN 和支持向量机(Support Vector Machine,SVM)组成的跟踪器。其主要思想是使用 ImageNet 数据集对 CNN 进行离线训练,然后使用 SVM 对目标和背景进行分类。考虑到实时跟踪的要求,David 等通过训练神经网络直接回归目标位置,这是第一个达到 100 帧每秒的基于深度学习的算法。

4. 基于递归神经网络的算法

从视频序列中提取的序列信息对目标运动的预测具有建设性的指导意义。然而,传统的目标跟踪算法只能通过 CNN 提取目标的外观特征。因此,序列信息的使用对于目标跟踪任务是有意义的。由于 RNN 在序列相关任务中的优势,它被用于目标跟踪。

Cui 等将候选区域划分为网格,并从每个网格中提取 HOG 特征,然后利用 RNN 得到置信图,通过加权滤波得到最终目标位置。Ning 等利用 YOLO(You Only Look Once)算法的结构粗略估计目标的位置和大小,然后将信息输入 LSTM 中以预测边界框。该算法在现有信息的基础上发挥了 RNN 结构的预测能力,但 RNN 结构在应用上还有很大的改进空间。

5. 基于 Siamese 网络的算法

大多数基于深度学习的方法通过离线训练获得提取特征的能力。然而,如果事先不知道目标,网络必须针对当前任务进行在线训练,这会严重降低跟踪器的速度。

Tao 等提出通过相似学习来解决跟踪问题。在 Siamese 实例搜索跟踪器(Siamese INstance search Tracker,SINT)算法中,模型被分为两个相同的分支,进行网络离线训练。将标记框和多个候选框分别输入两个分支中,得到每个候选框和边界框的匹配分数。接下来,选择得分最高的候选框。基于 SINT 算法,提出了使用两个完全相同的网络分支的 SiamFC,并进行了离线训练。在跟踪阶段,带有标记目标的子窗口作为模板输入一个分支,当前帧输入另一个分支。通过对两个分支执行互相关,得分最高的边界框是最佳选择。为了提高跟踪器的速度和精度,Li 等建议通过区域建议网络(Region Proposal Network,RPN)预测目标位置。整个结构由 Siamese 网络和 RPN 组成,模型是端到端训练的。在跟踪阶段,直接回归包含对象的边界框的信息。Dong 等设计了紧凑的潜在网络,可以从第一帧快速学习序列特定信息。Shen 等引入了注意力机制来突出目标关键部位的特征,并提出了一种融合多尺度响应图的方法来提高跟踪器的精度。Dong 等改进了当前用于学习跟踪器超参数的深度强化学习方法,从而提高了跟踪器的精度。

1.4　面向高维数据的深度学习分类算法概述

1.4.1　面向高维数据的深度学习分类算法的类别

1. 面向高维数据的 CNN 方法

CNN 也称为网格状拓扑,是一种特殊类型的神经网络,用于处理时间序列数据和图像数据。基于二维(Two-Dimensional,2D)CNN 的高维数据分类方法得益于 CNN 在计算机视觉中的成功应用。通常,一维(One-Dimensional,1D)心音信号首先转换为 2D

特征图,表示心音信号的时间和频率特征,并满足高维数据分类 2D CNN 输入的统一标准。心音分类最常用的特征图包括 MFSC、MFCC 和频谱图。Rubin 等提出了一种基于 2D CNN 的方法,用于自动识别正常和异常 PCG 信号。使用 Springer 的分割算法将 S1 开始时的心音分割为固定的 3 s 片段。然后,使用 MFCC 将这些 PCG 信号的一维时间序列转换为 2D 特征图,并利用这些图训练和验证模型。该方法在 2016 年 PhysioNet/Computing in Cardiology(CinC)Challenge 中的准确度得分为 72.78%。

在基于 2D CNN 的方法中,卷积是在心音信号的时域和频域中进行的,通过在一个层中添加更多层和更多单元,可以从低层特征图中发现多层分布式表示。这些特征图表示心音信号的时域和频域特征。然而,基于短时傅里叶变换(Short-Time Fourier Transform,STFT)的低级特征很难与心音信号的时间和频率分辨率相平衡,因为窗口大小的长度会影响信号在时间域和频率域的分辨率。研究人员根据心音信号在窗口大小持续时间内是平稳的假设,选择合适的窗口大小。与基于 STFT 的特征相比,基于离散小波变换(Discrete Wavelet Transform,DWT)的特征更有效。小波分析已证明在较高频率下具有较好的时间分辨率,在较低频率下具有较低的频率分辨率。它还具有更高的时间-频率分辨率,能够更好地表示 S1 和 S2 组件。

尽管 2D 特征图能够很好地表示具有声学意义的模式,但它们需要额外的变换过程和一组超参数的使用。此外,1D CNN 对于从较短的 1D 信号中提取特征非常有效,并且当特征在段内的位置不是很重要时,可以用于构建心音分类的深度学习模型。因此,提出了不同 CNN 结构的基于 1D CNN 的方法来识别不同种类的心音。在一个典型示例中,1D PCG 时间序列直接用作 1D CNN,而无须任何空间域变换,如 STFT 或 DWT。Xu 等提出了一种新的用于 PCG 斑块分类的 1D Deep CNN。CNN 采用块堆叠式结构,参数较少,并使用双向连接来增强信息流。该方法在 2016 年 PhysioNet/CinC 挑战赛中获得了 90.046% 的最高准确率,仅基于 0.19 M 可训练参数,是 2D CNN 的 1/65。然而,基于 1D CNN 的方法提供了与 2D CNN 相当的心音分类性能,而无须特征工程。它旨在以较少的参数消耗和无须额外预处理的方式高效地重用特征地图。基于一维 CNN 的方法通常在执行任务时不需要复杂的预处理,也不需要使用二维 CNN 方法所需的大量超参数。

2. 面向高维数据的 RNN 方法

RNN 是一系列专门用于处理顺序数据的神经网络。GRU 和 LSTM 等 RNN 架构在许多应用中都能提供最先进的性能,包括机器翻译、语音识别和图像字幕。作为高维数据的一种实际应用,心音信号是一种时序数据,具有很强的时间相关性,因此可以通过 RNN 进行适当处理。事实上,它们被证明非常有效,通常用于心音分类。

3. 面向高维数据的混合方法

近年来,针对心音分类提出了各种不同深度学习模型的集成。集成方法主要分为基于模型的类型和基于特征的类型,还开发了一些混合式深度学习网络。最典型的基于模型的集成方法结合了 CNN 和 RNN。这种特殊组合有两个原因。首先,CNN 使用各种堆叠卷积核逐层提取特征,不同的卷积核捕获不同类型的特征。与完全连接的神经网络相比,CNN 提高了特征提取的效率,并显著减少了所需的计算量。第二个原因是 RNN 使用环路单元作为结构的核心,每个单元接收当前和以前时间步长的数据作为其输入。这增加了两个连续时间步长之间的相关性,从而使 RNN 具有能够处理定时关系信号的优点。因此,CNN 和 RNN 模型的融合将导致互补。Deng 等分别利用了从 CNN 和 RNN 中提取的空间和时间特征,以获得更高的准确性。CNN 和 RNN 都具有强大的特征提取能力,能够从原始数据中直接分类正常和异常 PCG,无须复杂的心音特征分割。提取过程充分利用了心音数据的全局特征,有助于同时提取频域和时域信息,从而获得比单个模型更好的性能。

1D CNN 还与 2D CNN 相结合,开发的深度学习模型用于学习多层次的表征。1D CNN 旨在从原始 PCG 信号中学习时域特征,而 2D CNN 学习时频特征。该组合的准确率为 89.22%,比 1D CNN 高出 2.88%,比 2D CNN 高出 2.81%。Potes 等利用 AdaBoost 和 CNN 分类器组合对正常和异常心音进行分类。他们使用 124 个时间-频率特征来训练第一个 AdaBoost 分类器,并将 PCG 心脏周期分解为 4 个频带来训练第二个 CNN 分类器。从分割后的 PCG 信号中提取时域和频域特征。这种集成方法在 PhysioNet/CinC 挑战赛中取得了最高的成绩。Noman 等还开发了一个基于 1D CNN 和 2D CNN 的框架,其中短段心跳用于 PCG 分类。1D CNN 旨在从原始数据集学习特征,2D 时间-频率特征图被输入 2D CNN。这种 1D CNN 和 2D CNN 组合的分类准确率为 89.22%,显著高于传统的基于 SVM 和隐马尔可夫模型(Hidden Markov Model,HMM)的分类器。因此,集成模型优于传统的和单独的深度学习模型,并且它们还解决了过拟合问题。然而,它们需要更多的计算资源,而且使用起来非常耗时。

在基于数据的方法中,心音是通过结合不同的特征和使用不同的分类器来分类的。例如,Tschannen 等提出了一种基于 CNN 提取的光谱和深度特征的稳健特征表示方法,使用 SVM 作为分类器。该方法的得分为 81.2%,优于仅使用小波变换特征的方法。在 Wu 等的文献中,使用 Savitzky-Golay 滤波器对心音进行去噪,然后将三个特征,即频谱图、MFSC 和 MFCC,作为多个 CNN 的输入。在 10 倍交叉验证实验中,平均准确度达到 89.81%,与单独使用谱图、MFSC 和 MFCC 训练模型相比,分别提高了 5.98%、3% 和 5.52%。因此,与仅使用单个深度学习模型相比,基于模型和基于特征的方法的组合使用产生了更准确的分类结果。然而,这也是以更多计算资源和时间为代价的。

1.4.2　面向高维数据的深度学习分类的关键技术

1. 去噪

心音采集过程很容易受到环境干扰的影响,如设备与人体皮肤之间摩擦产生的干扰、电磁干扰以及随机噪声,如呼吸音、肺部音和环境音。心音信号通常与这些干扰信号耦合,这就需要消除带外噪声。去噪显著影响分割、特征提取和最终分类性能。常用的去噪方法有小波去噪、经验模式分解去噪和数字滤波器去噪。基于心音信号的先验知识,构建心音信号小波基函数是心音特征提取领域的一个新的研究方向。

2. 分段

分割的目的是将 PCG 信号分为 4 部分:第一心音(S1)、收缩、第二心音(S2)和舒张。每个片段都包含有助于区分不同类别心音的有效特征。然而,心跳周期的持续时间、心音的数量和心脏杂音的类型因个体而异,这导致心电信号的分割不准确。因此,FHS 的分割是自动 PCG 分析中的一个重要步骤。近年来最常用的心音分割方法包括基于包络的方法、ECG 或颈动脉信号方法、概率模型方法、基于特征的方法和时频分析方法。所使用的算法基于舒张期长于收缩期的假设。事实上,对于异常心音,尤其是婴儿和心脏病患者,这种假设并不总是正确的。在这些方法中,基于 ECG QRS 波形和心音信号之间的对应关系,利用心动周期和 ECG 信号的方法可以产生更好的分割性能。然而,它们的硬件和软件要求更高。此外,公共心音数据库很少包含同步心电信号,这使得基于心电信号的心音信号分割变得困难。

3. 特征提取

特征提取用于通过各种数学变换将原始的高维心音信号转换为低维特征,以便于心音信号的分析。各种手工特征和基于机器学习的方法已用于特征提取,最常见的包括使用 Mel 倒谱系数(MFCC)、Mel 域滤波器系数(MFSC)和心音谱(频谱图),它们基于 STFT 和 DWT 系数,以及 S1 和 S2 分量的时域、频域和时频或尺度域的时间和频率特征。STFT 提取的特征很难与心音信号的时间和频率分辨率相平衡,因为窗口大小的长度会影响信号在时域和频域的分辨率。与这些方法相比,小波变换在提取心音的主要特征方面更为有效。小波分析也被证明能够提供高时间和频率分辨率,更好地表示 S1 和 S2 分量。

4. 深度学习分类

分类用于将心电信号分为正常和异常两类。所使用的算法有两种主要类型:第一种算法使用传统的机器学习方法,如人工神经网络(Artificial Neural Network,ANN)、高斯混合模型、随机森林、支持向量机(SVM)和隐马尔可夫模型(HMM),将其应用于提取的特征,以识别不同心脏问题症状的不同心音信号;另一类算法使用最新流行的深度学习方法,如深度 CNN 和 RNN。总之,尽管传统的机器学习方法取得了显著的成就,但它们也有局限性。

CNN 的核心单元网络是一种卷积网络,它在多个层中使用一种特殊的线性运算,而不是一般的矩阵乘法。当输入是一维向量时,输出特征映射 y 可以通过离散卷积运算计算,通常表示为:

$$y(n) = x(n) * w(n) = \sum_{m=-\infty}^{+\infty} x(m)w(n-m) \tag{1.15}$$

其中, $*$ 表示卷积运算; w 表示卷积核。这通常适用于 1D CNN。对于 2D CNN,输入 x 和核 w 是 2D 矩阵,输出特征映射 y 可以计算为:

$$y(i,j) = x(i,j) * w(i,j) = \sum_m \sum_n x(m,n)w(i-m,j-n) \tag{1.16}$$

执行卷积运算有三种重要的技术:稀疏连接、等变表示和参数共享。稀疏连接是通过使内核小于输入来实现的,参数共享使更多函数能够在模型中使用相同的参数。这种形式的参数共享尤其会导致层具有称为等变表示的特性。这特别导致函数 $f(x)$ 与函数 $g(x)$ (如果 $f(g(x)) = g(f(x))$)等变。

在应用基于 RNN 的心音分析方法时,RNN 接受 1D 心音信号 $x(t) = (x_1, x_2, \cdots, x_T)$ 形式的输入,并在当前时间 t,使用先前状态 h_{t-1} 和输入信号 $x(t)$ 计算网络的隐藏信息或内存 h_t。softmax 函数用于将输出向量投影到与心音类别数相对应的概率上。使用的标准方程式为:

$$h_t = \mathcal{H}(ux(t) + wh_{t-1} + b)y(t) = \text{softmax}(vh_t + c) \tag{1.17}$$

其中, u 、 v 和 w 是权重矩阵; $\mathcal{H}$ 是隐层函数; b 和 c 是偏置向量。

　　RNN 的关键模式是,它可以在每个时间步骤进行输出,并且在一个时间步骤的输出和下一个时间步骤的隐藏单元之间具有循环连接,RNN 的这些连接可以读取整个序列,然后生成单个输出。为了避免 RNN 中梯度消失和爆炸的问题,基于通过时间创建路径的思想的 Gated RNN 通常用于控制信息积累的速度。同时,标准 RNN 有局限性,也就是说,它只能使用以前的信息来做出决策。具有双向长短期内存(Bidirectional Long Short-Term Memory,BLSTM)和双向 Gated 递归单元(Bidirectional Gated Recurrent Units,BiGRU)的双向 RNN 使用 LSTM 单元或 GRU,可用于前向和后向信息处理,从而能够利用未来数据。上述所有 RNN 变体都已用于心音分类。

1.5　国内外研究现状

1.5.1　无线传感器网络定位研究现状

　　基于 WSN 的移动机器人动态定位算法受到国内外学者的广泛关注。Cho H. 等针对移动机器人定位问题,提出了一种线性调频扩频(Chirp Spread Spectrum,CSS)的解决方案。针对测距噪声问题,采样扩展卡尔曼滤波(Extended Kalman Filter,EKF)实现优化。该算法的计算成本较高,速度较慢。Myung H. 等针对移动机器人自主定位导航问题,提出了一种约束卡尔曼滤波的定位算法。该方法对参数信息进行合理化估计,获得了较好的计算结果。网络机器人系统有三个关键问题,包括移动机器人动态定位、传感器网络标定和环境地图重建。如图 1.1 所示,如果解决的两个耦合问题是移动机器人动态定位和环境地图重建,则属于 SLAM 问题范畴。如果解决的两个耦合问题是移动机器人动态定位和传感器网络标定,则属于同时定位和标定(Simultaneous Localization And Calibration,SLAC)问题。如果完全解决三个问题,则属于同时定位、标定和地图重建

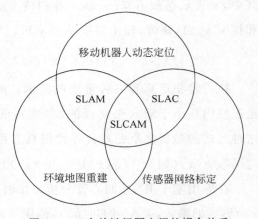

图 1.1　三个关键问题之间的耦合关系

(Simultaneous Localization,Calibration And Mapping,SLCAM)问题。定位算法处于基础性和引领地位,成为首要解决的目标。

1.5.2　摄像机网络定位研究现状

随着消费电子的发展、摄像机价格的快速下滑和充裕的视频信息,CN 进入了新一代智能摄像机网络:实时、分布和嵌入式系统,能够使用多摄像机实现智能处理,如目标检测、定位、识别、跟踪和公共安全热点事件。例如,机场摄像机能够执行重点区域的旅客人脸识别和跟踪算法。研究者聚焦在计算机视觉算法,其使用无须标记的方法或者基于标记的方法实现室内定位。当视觉标记因为审美的原因不合需要时使用无须标记的方法,它们依赖摄像机所看到的来产生用户位置,通常需要环境的先验知识:图像在预定义位置获取,并且提取唯一特征。该特征的数据库被建立起来,同时包括相关摄像机位置和方向,并且用于视觉指纹的建立。基于标记的方法依赖 2D 视觉标记,能够被低成本智能手机轻易解码,让用户在建筑物内跟踪其位置。

1.5.3　无线多媒体传感器网络定位研究现状

基于多摄像机视觉的监控得到了相当的重视,由于多摄像机视觉监控将从多视角增加区域和信息,能够用于解决许多问题。例如,通过基于相关函数和目标在图像中重叠区域的特性,选择信息量最丰富的摄像机,逐渐改进目标定位精度,直到达到目标状态所需的精度。然而,多摄像机带来了新问题。在摄像机的不同图像中找到相对应的匹配点是一项非常困难的任务。WMSN 的硬件资源和通信带宽资源都不足。综上所述,WMSN 本质上是一个资源有限的网络,需要平衡定位精度和 WMSN 的资源。WMSN 不同于传统 WSN,具有一些独特的特点。多媒体数据通常在传感器节点上占用更大内存空间。而且,WMSN 的可用网络带宽非常有限。传统 WSN 的实时数据采集已经是非常具有挑战性的问题,更不用说 WMSN。另外,视觉传感器需要消耗大量能量采集视频流,对于硬件要求大于其他类型的传感器。这些事实要求必须对定位、感知控制与协调、数据采集、路由和查询处理技术进行创新性设计。现有 WMSN 定位方法都是相互影响的,可以分为两大类:协同定位和辅助定位。协同定位的思想来源于计算机视觉领域。节点通过相互之间重叠区域(Field Of View,FOV)的共同视觉信息协作地实现自身定位。辅助定位方法使用移动对象(机器人或者信标节点)辅助定位过程,假设移动对象总是知道自身坐标,拥有独特的表征,并且能通过无线控制信标被其他节点遥控。

1.5.4　基于卡尔曼滤波的目标跟踪研究现状

基于卡尔曼滤波的时空正则化相关滤波器理论,笔者的目标是科学地分析和评估视觉跟踪,挖掘目标跟踪背后的深层含义。因此,相关工作可分为两部分:视觉跟踪研究和卡尔曼滤波器研究。

1. 视觉跟踪

在计算机视觉的许多应用中,有各种各样的视觉跟踪方法。为了解决区分学习相关滤波器(Discriminatively learned Correlation Filter,DCF)跟踪模型的区分能力下降的问题,Danelljan 等专注于快速运动、变形和遮挡情况下的标准 DCF 公式,以减少不必要的边界效应,所提出的空间正则化 DCF(Spatially Regularized DCF,SRDCF)权重可以在学习期间对相关滤波器系数进行惩罚,并包括更大的负补丁集,从而导致更具辨别性的模型。为了用单个样本将时间正则化集成到先进的 SRDCF 中,Li 等考虑了SRDCF 在特征速度和实时能力方面的额外成本,并表明,所提出的 STRCF 可以将空间和时间调节整合到 DCF 跟踪器中,并提供有效的实时视觉跟踪。对于多分类器和多特征的融合,Wang 等提出了一种基于变异贝叶斯滤波器的通用框架,将特征级融合方法与决策级方法相结合。多跟踪的结果是用于估计运动模型和提高采样效率的先验知识。为了减少 DCF 的空间边界效应和时间滤波器退化,Xu 等考虑了保留封装目标及其背景变化的判别流形结构,并表明,所提出的基于 DCF 的跟踪方法可以结合自适应空间特征选择和时间一致性约束,在低维判别流形中进行时空滤波器学习。为了解决卫星视频中目标跟踪的挑战,Guo 等考虑了卫星视频中运动目标的全局运动特性的优势,以约束跟踪过程及应用 KF 校正跟踪轨迹,并表明,新方法在精度和稳健性方面优于其他典型的基于相关滤波器(CF)的跟踪方法。

2. 卡尔曼滤波器

KF 为线性高斯系统提供最佳状态估计,并使用从时间/空间维度获得的一系列量值来预测下一个实例中的量值。对于通过接缝雕刻的视频重定目标,Kaur 等考虑了空间和时间一致性,以减少抖动和结构失真,最终实现了卡尔曼预测和更新过程,以基于先前帧中的接缝识别帧中的时间相干接缝,并提供了理论上最优的硬件解决方案。为了跟踪在具有重尾状态噪声和倾斜测量噪声的杂波条件下观察到的敏捷目标,Huang等专注于重尾非高斯概率密度函数(Probability Density Function,PDF)和倾斜状态噪声的模型,提出了一种稳健的 KF 框架,具有更好的估计精度和较小的偏差,但计算复杂度高于现有的最先进的 KF。Kang 等考虑了与行驶和操纵特性相关的不良振动,以解决道路不平对车辆动力学造成的干扰,并表明,基于未知输入的离散 KF 的路面粗糙度估计方法可以解决该问题,因为它不需要关于未知输入的先前信息。为了减轻触摸界面的测量噪声和波动,Li 等专注于使用红外相机模块的 70 英寸触摸界面,并表明,具有模糊神经网络(Fuzzy Neural Network,FNN)的自适应 KF 可用于调节输出估计的平滑度。FNN 通过实时使用傅里叶频谱和运动学数据分析轨迹,自适应地配置 KF 的性能。Karimi 等考虑了稀疏信号估计和支持集估计中的误差动态,用于卡尔曼滤波压缩传感(KF-CS)策略,以克服由测量损失引起的性能退化。对于给定的信息丢失率,Karimi 等给出了估计误差的期望协方差的上界,并且仿真结果说明了具有有损测量的稀疏系统的递归估计的效率。

之前的许多工作集中于视觉跟踪器的空间和时间调节以及一些特定的环境噪声,因此跟踪器可以确保令人满意的跟踪性能和效率。笔者的 KF-STRCF 框架提供了一种有效的解决方案,用于在背景杂波、光照变化、遮挡、平面外旋转和视图外移动等因素发生大规模变化的应用中平滑和优化定位算法的目标状态。此外,笔者致力于保持 STRCF 的出色实时跟踪性能,并通过步长控制方法限制所提出框架的输出状态的最大振幅。据笔者所知,这是第一个整合 KF 的框架,将图像序列中每一帧的信息与 STRCF 进行融合,用于视觉跟踪,以克服由于大规模变化导致的不稳定性问题。

1.5.5　面向高维数据的深度学习分类研究现状

基于深度学习和一维卷积神经网络理论,笔者的目标是科学地分析和评估高维数据,挖掘数据背后的深层含义。因此,相关工作可分为三部分:高维数据研究、深度学习分类研究和 1D_CNN 研究。

1. 高维数据

在统计科学中,有各种方法专注于分析高维数据。例如,为了解决协变量数量(也称为特征)超过样本大小的问题,Ahmed 等专注于高维回归分析,以选择随机协变量子集。集成方法可以对每个子集进行统计分析,然后合并来自子集的结果。对于几个重要的真实数据和模型场景,集成方法改进了惩罚方法。为了解决大量维度掩盖嵌入在数据中的鉴别信息的问题,Li 等考虑了一个高维数据分类的特征学习框架,以丢弃破坏字典学习过程的无关部分。特别是当训练样本数量较少时,Li 等展示了高维数据分类任务框架的优越性能。由于缺乏选择最佳特征子集的泛化能力,Salesi 等提出了一种基于进化的滤波器特征选择算法,该算法与 Fisher 得分滤波器算法顺序混合。它使用基于最小冗余最大相关信息理论的准则作为适应度函数,并优于其他传统和最先进的特征选择算法。为了减少性能下降的副作用,随着深度自动编码器网络越来越深,Wickramasinghe 等考虑了用于无监督特征学习的 ResNet 自动编码器及其卷积版本,与标准的深度自动编码器相比,它使用户能够添加剩余连接以增加网络容量,而不会导致无监督特征学习的降级成本。

2. 深度学习分类

深度学习分类的显著进展加快了向许多领域的传播。对于基于深度神经网络的肺结节分类中的超参数优化,Zhang 等考虑了允许代理模型优化超参数配置的非平稳核,并表明,相关函数不再仅取决于距离,而是取决于它们到最佳点的相对位置。为了跟踪 CNN 过于关注局部区域的问题,Xiao 等专注于多聚焦图像融合,并采用全局特征编码 U-Net 将聚焦图的生成视为全局两类分割任务,所提出的网络在客观评估和网络复杂度方面都比一些最先进的方法具有更好的融合性能。虽然有许多方法可以改进卷积神经网络的原始架构,但 Simonyan 等在 2015 年取得了里程碑式的结果,考虑到 CNN 架构设计的深度,提出了一种新的 VGGNet,通过添加更多卷积层稳步增加网络深度,这是可行的,因为在所有层中使用非常小的卷积滤波器。实验结果表明,该网络不仅可以实现最精确的分类和定位精度,而且还适用于其他图像识别数据集。然后,对于基于手势意图的身份识别,Ding 等重点研究了 VGG-16 CNN 提取的深度学习特征和主成分分析(PCA)数据删减方法,展示了兼顾识别精度和计算时间的出色实时识别性能。

3. 1D_CNN

由于原始一维数据集可以直接输入 1D_CNN 中,1D_CNN 在处理 1D 信号方面具有优势,因此优于其 2D 竞争对手,原因如下:①1D_CNN 的计算复杂度显著较低;②在相对较浅的架构下,1D_CNN 能够学习涉及 1D 信号的挑战性任务;③1D_CNN 由于其低计算要求而适用于实时和低成本应用。因此,为了阐明 1D_CNN 的应用,Li 等将重点放在特征位置无关紧要的有效特征提取上,展示了 1D_CNN 在心电图时间序列预测和信号识别中的各种应用。然后,为了解决从相邻光谱信息中提取特征的问题,Kang 等考虑了使用 Atrous 卷积的光谱信息特征提取网络,该方法比某些 3D_CNN 模型具有更高的性能。为了处理污染物的时间和空间特征以及多种因素,Dai 等考虑了基于时间和空间特性的一维多尺度卷积核和长短期记忆网络。因此,时间和空间特性结合了 CNN 和 LSTM 网络各自的优势。与 CNN 模型相比,Dai 等显示了更好的预测效果。对于由与可穿戴设备直接连接的基于光纤陀螺的网关组成的光纤陀螺基础设施,Cheikhrouhou 等考虑了模块化的 1D_CNN。该模型的推理模块可以分析 ECG 信号,并在最小延迟内启动应急对策。实验结果表明,该算法在 MIT-BIH 心律失常数据库上达到 F1−measure≈1。

Yang 是第一个使用基于 RNN 的方法检测 2016 年 PhysioNet/CinC 挑战心音异常数据集的。他使用了一个 4 层深度学习模型:第一层是一个具有 386 个特征的 GRU,第二层是 Dropout 层,第三层是具有 8 个特征的 GRU,第 4 层是完全连接层。由于网络的层数和训练数据有限,它的总分仅为 80.18%。然而,与其他非深度学习方法相比,它消除了手动特征提取的烦琐过程。Khan 等将 LSTM 与未分段数据的 MFCC 特征相结合,在 PhysioNet/CinC 挑战赛中获得了 91.39% 的最佳曲线下面积分数,在各种时域和频域特征方面表现优于 SVM、K 最邻近(K-Nearest Neighbor,KNN)、决策树和 ANN 等其他算法。同样,Raza 等在 PASCAL 心音数据集 B 中使用 LSTM 模型对三种心音进行分类,即正常、杂音和早搏。因此,该方法的准确率为 80.80%。相比之下,Yang 提出的方法在归一化预处理期间使用 band-pass 滤波器去除心音信号中的噪声,然后使用下采样技术降低数据维数,并通过截断和复制进一步固定心音信号的维数。这进一步说明了 RNN 与传统分类器相比在心音分类和识别方面的优势。此外,Latif 等研究了 4 种不同类型的 RNN,即 LSTM、BLSTM、GRU 和 BiGRU,使用 HSMM 方法将心音数据分割为 5 个心脏周期,提取 MFCC 特征作为 RNN 模型的输入。2016 年,PhysioNet/CinC 挑战赛数据集评估的最佳分类性能是通过在循环神经网络模型中使用两个 Gating 层获得的。BLSTM 对正常和异常识别的总准确率高达 97.63%,比基于 CNN 的 Potes、Tschannen、Rubin 和 Dominguez 分别高 11.61%、14.83%、13.64% 和 3.47%。

综上所述,一维 CNN 和 RNN 都可以用于分析用于分类任务的时间序列心音信号,比传统算法更精确。RNN 与一维 CNN 的不同之处在于,由应用于先前输出的相同更新规则生成的输出的每个成员都是先前输出成员的函数,从而可以非常深入地计算图形共享参数。然而,一维 CNN 允许网络跨时间共享参数,因此层数较少。特别是,RNN 能够通过使用具有自我反馈的神经元来处理深度序列信号;然而,LSTM 在超过 1000 个时间步长的信号上性能较差。

以往的许多工作都集中在一维 CNN 的特征提取和一维多尺度卷积核上,因此一维 CNN 可以确保令人满意的评估性能和效率。笔者的 1D_VGGNet 框架为高维数据应用程序中的对象分类和评估提供了有效的解决方案。此外,笔者的工作重点是保留专家知识的评估意见,并改进面向高维数据的 VGGNet 分类器,使分类结果尽可能与专家意见一致。然后,为了解决生成的特征图的不变性问题,可以灵活地调整 Maxpooling 的核大小,以有效地满足降低特征图维数和加快不同数据集的训练和预测的要求。该改进对于各种高维数据应用场景是合理的。此外,笔者提出了一种新的目标函数来准确评估网络模型的性能,因为目标函数包括各种具有代表性的性能评估指标,并且计算平均值作为 CE 评价指标。据笔者所知,这是第一个基于专家知识的评估意见,面向高维数据的分类和分析而提出利用的 1D_VGGNet 对对象进行分类的框架,以克服高维数据过于复杂和不稳定而不可行的问题。

1.6　研究内容及组织结构

1.6.1　主要研究内容

主要研究内容体现在以下 7 方面。

1. 基于网格改进极大似然的移动机器人室内定位研究

针对移动机器人在室内网络盲区的动态定位失效问题,提出了一种动态选择信标节点建立网格区域的自主动态定位系统。该方法应用信标信号强度信息完成测距。并且,使用基于网格改进的极大似然(Grid-based Improved Maximum Likelihood Estimation,GIMLE)方法实现机器人的定位。

2. 基于改进 APIT 的移动机器人室内定位研究

针对室内 WSN 通信传输不稳定和定位精度较差的问题,提出了一种移动机器人自主动态定位系统,通过实时选择邻近信标节点,确定节点坐标构成的边界,绘制局部网格空间,实现机器人动态定位。采用基于测距的改进近似三角形内点测试(Approximate Point In Triangle test,APIT)算法完成定位,再使用卡尔曼算法修正定位误差。

3. 基于隐形边的移动机器人室内最大范围定位研究

针对网络不是全局刚性和经典三边测量法失效问题,提出了基于隐形边的最大范围定位(Maximum Range Localization with/without shadow edge,MRL)算法,该方法在选择的节点不能相互感知的情况下实现了在最大范围内定位移动机器人。MRL算法利用移动机器人自身可移动和智能,达到最大边界范围。为了利用信标节点自动部署技术实现灾后未知区域探索,移动机器人的路径规划必须具备避障和WSN中的非视距(Not Line Of Sight,NLOS)定位功能。

4. 基于改进公垂线中点质心的移动机器人室内定位研究

针对在多摄像机系统中的联合标定和实时三维定位问题,提出了三维定位方法,该方法融合多视角二维图像坐标,实现实时三维空间定位。改进的公垂线中点质心(Improved Common Perpendicular Centroid,ICPC)算法减少了阴影检测的负面效果。联合标定方法实现了多摄像机同步获取内部参数和外部参数。

5. 基于递推最小二乘的移动机器人室内定位研究

针对在无线多媒体传感器网络中获取移动机器人的三维信息时,网络不稳定和协调器端存在通信瓶颈等问题,提出了适应动态网络环境的实时三维定位算法,实现在室内多视角无线多媒体传感器网络中同步定位移动机器人。并且,结合多种智能传感器建立了适用于实际应用的智能传感器架构。递推最小二乘(Recursive Least Squares,RLS)算法融合了多视角二维图像坐标,计算移动机器人的三维空间位置,并提出了误差补偿机制减少在多视角数据融合中产生的误差。

6. 基于卡尔曼滤波的时空正则化相关滤波器研究

为了实现最佳跟踪精度和稳健性,提出了一种新的框架,将卡尔曼滤波器与时空正则化相关滤波器(Spatial-Temporal Regularized Correlation Filter,STRCF)结合起来用于视觉跟踪,以克服由于大规模应用变化引起的不稳定性问题。为了解决突然加速和转向导致的目标丢失问题,提出了一种步长控制方法来限制框架输出状态的最大振幅,该方法基于真实场景中对象的运动规律提供了合理的约束。实验结果表明对于非模糊视频,该框架表现出比竞争对手更好的性能和更强的稳健性。

7. 面向高维数据的一维VGG深度学习网络研究

在高维数据分类的众多应用中考虑深度学习模型,并寻求在综合评估(Comprehensive Evaluation,CE)活动期间实现基于多准则决策(Multi-Criteria Decision-Making,

MCDM)的高维数据分析应用的最佳评估精度和稳健性。为此,提出了一种新的一维 VGG 深度学习网络(One-Dimensional Visual Geometry Group Network,1D_VGGNet),以克服高维数据过于复杂和不稳定的问题。然后,为了有效处理 MCDM 应用,提出了一种一维 VGGNet 分类器,将应用于图像数据的二维卷积替换为应用于 MCDM 的一维卷积。实验结果表明该框架优于一维卷积神经网络。

1.6.2　章节安排

本书共分 9 章,其组织结构如图 1.2 所示。

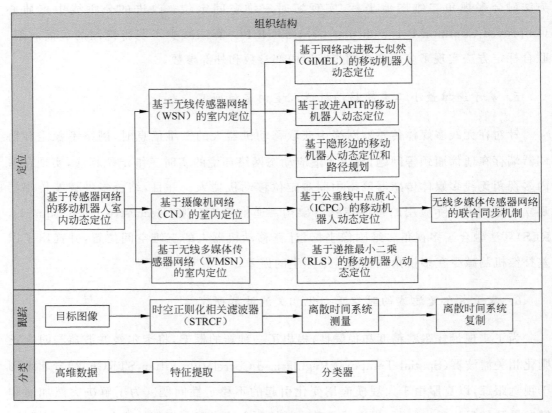

图 1.2　本书组织结构

第 1 章,阐述课题研究的目标定位、跟踪和分类的背景和意义,总结了国内外研究现状,概述了主要研究内容和贡献。

第 2 章,针对移动机器人在室内网络盲区的动态定位失效问题,提出了基于网格改进的极大似然(GIMLE)方法实现机器人动态定位。

第 3 章,针对室内 WSN 通信传输不稳定和定位精度较差的情况,提出了一种基于测距的改进近似三角形内点测试(APIT)算法实现动态定位。

第4章,针对网络不是全局刚性和经典三边测量法失效问题,提出了采用基于隐形边的最大范围定位(MRL)算法。

第5章,针对在多摄像机系统中的联合标定和实时三维定位问题,提出了改进的公垂线中点质心(ICPC)算法。

第6章,针对在无线多媒体传感器网络中获取移动机器人三维信息时,网络不稳定和协调器端存在通信瓶颈等问题,提出了递推最小二乘(RLS)算法。

第7章,针对灾难恢复活动期间智能监控应用的各种评估标准,寻求实现最佳跟踪精度和稳健性,提出了一种新的框架,将 KF 与 STRCF 结合起来用于视觉跟踪。

第8章,针对综合评估活动期间实现基于 MCDM 的高维数据分析应用的最佳评估精度和稳健性,提出了一种新的一维 VGG 深度学习网络。

第9章,总结了主要工作内容,并对下一步工作进行了展望。

第2章

基于网格改进极大似然的
移动机器人动态定位

移动机器人的动态定位技术是 WSN 的前沿研究领域。WSN 能够在部分节点损毁的情况下实现动态自组织网络,为机器人提供持续的环境信息和变化趋势数据,因此,在灾难救援系统中保证了机器人的感知和救援能力。针对基于网格的极大似然(Grid-based Maximum Likelihood Estimation,GMLE)算法定位误差大和计算成本高的问题,通过动态选择信标节点来改进网格空间。针对网络盲区的特殊情况,提出了卡尔曼滤波的基于网格改进极大似然(Kalman filtered Grid-based Improved Maximum Likelihood Estimation,KGIMLE)算法,该方法可以实现移动机器人的动态定位。仿真和实验结果表明,该方法能够有效降低测量噪声和定位精度,尤其是在节点贫乏的网络盲区中,保证了定位结果的适应性。

该算法的创新性贡献体现在将现有的 GMLE 算法进行改进,克服了该方法误差大和计算成本高的问题,提出了 KGIMLE 算法,实现移动机器人自主动态定位。并且,针对灾难环境中信标节点损毁而产生的网络盲区造成现有定位算法无法正常工作的问题,提出了虚拟信标节点技术。该方法能够克服网络盲区问题,实现移动机器人在灾难环境中的自主动态定位。

2.1　基于 RSSI 极大似然的移动机器人动态定位

2.1.1　RSSI 测距模型

利用无线传感器周期性发射的无线信号强度随着传播距离增加而衰减的特性,已知发送信号强度和接收信号强度,获得信号传播过程中损耗的能量。通过数学模型将损耗转换为距离,从而确定发送节点和接收节点之间的估计距离。

无线传感器的天线接收到的信号强度公式:

$$P_t(d) = \frac{P_t G_t G_r \lambda^2}{(4\pi)^2 d^2 l} \tag{2.1}$$

其中,P_t 为发射机功率;$P_t(d)$ 为在距离 d 处的接收功率;G_t、G_r 分别为发射天线和接收天线的增益;d 为距离;l 为与传播无关的系统损耗因子;λ 为波长。由式(2.1)可知,通过接收信号的强度可以获得节点之间的估计距离。

根据实际应用的反射、多径传播等场景,在仿真过程中,采用经验公式:

$$P_t(d) = P_0 d_0 - 10\eta \lg\left(\frac{d}{d_0}\right) + X_\sigma \tag{2.2}$$

其中,$P_0(d_0) = -41.1$ dBm 为距发射机 $d_0 = 1$m 处的参考信号强度;$\eta = 3$ 为信号传播路径衰落系数,与特定环境相关;X_σ 为由遮蔽效应引起的正态分布的随机变量,X_σ 为均值为 0、方差为 4 的高斯白噪声分布随机噪声。

经验公式通过在真实室内环境中部署传感器、调查极大似然等定位算法的实际性能获得。通过收集两个不同室内环境的数以千计的 RSSI 测量值进行对比实验,从而估计信道模型参数。

2.1.2　RSSI 测距模型特征分析

图 2.1 显示了在二维空间内,无线传感器发出的 RSSI 无线射频信号强度数值在地域空间中的分布密度。可见从 $-41.1 \sim -100$ dBm,信号强度密集分布于 10 000 m² 内的正方形区域,而且密度逐渐减弱。当 RSSI 信号强度变化到 -120 dBm 时已经达到 250 000 m² 的广袤空间。

图 2.2 所示为随着 RSSI 无线射频信号传播距离的增加,信号强度随之减弱的关系图。其中的平滑曲线为不受环境噪声干扰,以及硬件阻抗产生的误差的理想 RSSI 测量

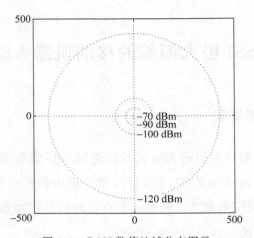

图 2.1　RSSI 数值地域分布图示

值。在该理想情况下，RSSI 测距误差为 0，即测量距离与真实距离完全吻合。但是真实情况受外界和自身设备系数影响严重，存在巨大测量误差，图中的不规则曲线显示了在未做任何优化处理时，RSSI 测量数值不规则波动的情况，并且所有数值都是负数。因为距离为 1 m 时，信号强度已经为负数。

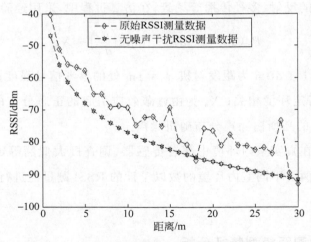

图 2.2　原始 RSSI 测量值和距离的关系图示

　　图 2.3 表明根据真实距离测量的 RSSI 数值，进行测距数学模型转换后，得到的测距估计分布与真实距离之间存在巨大误差。图中往返不规则曲线显示了该测距误差的随机分布和巨大波动。而且，物理实际距离和经过 RSSI 测量数学模型后的数值在 0～15 m 时精度较高，超出该范围后误差较大。

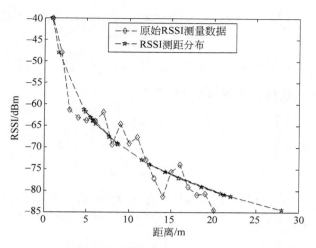

图 2.3 RSSI 测距分布和原始 RSSI 数值的关系图示

2.1.3 极大似然的动态定位算法

移动机器人在部署了 WSN 的灾害救援工作区行进过程中,根据网络的连通性自主动态选择距离自己最近的信标节点参与定位计算,并实际测量移动机器人与选中参考信标节点之间的距离,作为极大似然定位算法的参数信息,完成移动机器人的自主动态定位。

假设移动机器人从邻近的信标节点中选择 n 个信标节点,其坐标分别是 $A_1(x_1, y_1), A_2(x_2, y_2), \cdots, A_n(x_n, y_n)$,这些节点到达机器人的距离分别为 $d_1, d_2, \cdots, d_n$,设移动机器人当前坐标为 (x, y)。

则存在以下关系式:

$$\begin{cases} (x_1 - x)^2 + (y_1 - y)^2 = d_1^2 \\ \vdots \\ (x_n - x)^2 + (y_n - y)^2 = d_n^2 \end{cases} \quad (2.3)$$

$$\Leftrightarrow \begin{cases} x_1^2 - 2x_1 x + x^2 + y_1^2 - 2y_1 y + y^2 = d_1^2 \\ \vdots \\ x_n^2 - 2x_n x + x^2 + y_n^2 - 2y_n y + y^2 = d_n^2 \end{cases} \quad (2.4)$$

从式(2.4)的第一个方程开始依次减去最后一个方程:

$$\Leftrightarrow \begin{cases} x_1^2 - x_n^2 - 2(x_1 - x_n)x + y_1^2 - y_n^2 - 2(y_1 - y_n)y = d_1^2 - d_n^2 \\ \vdots \\ x_{n-1}^2 - x_n^2 - 2(x_{n-1} - x_n)x + y_{n-1}^2 - y_n^2 - 2(y_{n-1} - y_n)y = d_{n-1}^2 - d_n^2 \end{cases} \quad (2.5)$$

$$\Leftrightarrow \begin{cases} 2(x_1-x_n)x+2(y_1-y_n)y=x_1^2-x_n^2+y_1^2-y_n^2+d_n^2-d_1^2 \\ \quad\quad\quad\quad\quad\quad\vdots \\ 2(x_{n-1}-x_n)x+2(y_{n-1}-y_n)y=x_{n-1}^2-x_n^2+y_{n-1}^2-y_n^2+d_n^2-d_{n-1}^2 \end{cases} \tag{2.6}$$

将式(2.6)推导为线性方程组 $\boldsymbol{AX}=\boldsymbol{b}$,解得:

$$\boldsymbol{A}=\begin{bmatrix} 2(x_1-x_n) & 2(y_1-y_n) \\ \vdots & \vdots \\ 2(x_{n-1}-x_n) & 2(y_{n-1}-y_n) \end{bmatrix}, \quad \boldsymbol{X}=\begin{bmatrix} x \\ y \end{bmatrix}$$

$$\boldsymbol{b}=\begin{bmatrix} x_1^2-x_n^2+y_1^2-y_n^2+d_n^2-d_1^2 \\ \vdots \\ x_{n-1}^2-x_n^2+y_{n-1}^2-y_n^2+d_n^2-d_{n-1}^2 \end{bmatrix} \tag{2.7}$$

根据标准最小均方差估计法可以得到移动机器人的坐标为 $\hat{\boldsymbol{X}}=(\boldsymbol{A}^\mathrm{T}\boldsymbol{A})^{-1}\boldsymbol{A}^\mathrm{T}\boldsymbol{b}$。极大似然估计法的缺点是需要进行较多浮点运算,对于计算能力有限的传感器节点,其计算开销非常大。

2.2　基于网格改进极大似然的移动机器人动态定位

2.2.1　极大似然的网格概率分布算法

针对无线信号容易受到障碍物干扰的问题,提出了一种基于网格的极大似然(Grid-based Maximum Likelihood Estimation,GMLE)算法,用于解决障碍物遮挡环境中的移动机器人动态定位问题。针对移动机器人的运行轨迹,根据单位间隔时间,将机器人移动路径结构化为一个个相对独立的未知节点。然后,应用基于网格概率值完成极大似然估计算法。算法首先以机器人在某一时间间隔点上距离待定位坐标最近的信标节点位置信息为中心,将机器人周围的 WSN 区域划分为 $R\times R \text{ m}^2$ 的正方形,R 为机器人的有效通信半径。正方形的中心坐标为:

$$\theta_{ij}=\text{Node}_k \mid \text{dist}_{\text{node}_k}=\min(\text{dist}_{\text{node}_1},\text{dist}_{\text{node}_2},\cdots,\text{dist}_{\text{node}_n}) \tag{2.8}$$

其中,θ_{ij} 为围绕在机器人四周的正方形中心,i 和 j 分别为 2D 网格空间的行号和列号;Node_k 为距离机器人最近的信标节点坐标;$\text{dist}_{\text{node}_k}$ 为机器人能够探测到的所有 n 个信标节点中距离机器人最近的估计距离。

实际的正方形区域以 WSN 环境为依据,一旦机器人运动到网络边界,则采用边界线作为实际的矩形边界。为了提高定位精度，以 0.01 m² 的方形单元格为单位，将矩形区域分割成若干网格，分别计算每个网格的概率分布函数（Probability Distribution Function，PDF）。最后，极大似然算法选择概率分布函数值最大的网格质心作为估计定位坐标。

$$\hat{\theta} = \underset{\theta_{ij} \in X}{\arg\max} \prod_{k=1}^{m} p(x_k \mid \theta_{ij}) \tag{2.9}$$

其中，θ_{ij} 为围绕在机器人四周的正方形中心，将 $R \times R$ m² 的正方形 X 划分为 0.01 m² 的方形单元格；$p(x_k \mid \theta_{ij})$ 为每个网格质心 θ_{ij} 到 m 个信标节点中的第 k 个信标节点坐标的概率分布函数值。

2.2.2　改进极大似然的网格概率分布算法

在以机器人为中心的网格区域中，每个网格都有自己独立的质心点坐标。针对机器人是移动的，围绕机器人的网格区域也在不断动态变化的问题，提出了基于网格的改进极大似然（Grid-based Improved Maximum Likelihood Estimation，GIMLE）算法。通过综合机器人坐标及机器人与外界通信半径之间的特点函数关系来确定网格质心点。当机器人坐标固定时，以通信半径覆盖的网络区域就可以固定下来。以 0.01 m² 的方形单元格为单元，可以将该区域分割成固定行数和列数的网格矩阵。这样该矩阵中任意 i 行 j 列的单元格位置就可以检索到了。然后，通过式（2.10）确定该网格的质心坐标 ξ_{ij}：

$$\xi_{ij} = [\min(b_x - R, 0) + 0.1i + 0.05 \min(b_y - R, 0) + 0.1j + 0.05] \tag{2.10}$$

其中，b_x 和 b_y 分别为围绕机器人的正方形中心的实际横坐标和纵坐标；i 和 j 分别为以正方形坐标为中心的网格区域的横轴方向下标和纵轴方向下标。

概率分布函数作为概率论的方法，用以表示随机误差的概率规律。根据随机变量类型不同有不同的概率分布形式。分布函数取值为大于或等于 0 且小于或等于 1 的实数。分布函数是单调非降的右连续函数，在负无穷大时为 0，在正无穷大时为 1。测距数学模型产生的噪声都采用高斯白噪声。通过实际室内实验证明参数的统计分布服从高斯白噪声。其概率分布函数为：

$$p(r_{ij}^k \mid \xi_{ij}) = \frac{1}{\sqrt{2\pi}\sigma} e^{-((r_{ij}^k - \mu)^2 / 2\sigma^2)} \tag{2.11}$$

其中，r_{ij}^k 为网格单元质心 ξ_{ij} 和机器人接收到的第 k 个信标节点之间的 RSSI 数值的差值；μ 为高斯白噪声均值；σ^2 为方差。

$$r_{ij}^k = P_t(d_{ij}^k) - \mathrm{rssi}_{\mathrm{robot}}^k \tag{2.12}$$

其中，d_{ij}^k 是网格单元质心 ξ_{ij} 和第 k 个信标节点之间的距离；$P_t(d_{ij}^k)$ 是通过式（2.2）得到的 RSSI 数值；$\mathrm{rssi}_{\mathrm{robot}}^{k}$ 是机器人和第 k 个信标节点之间的 RSSI 数值。在仿真实验中，RSSI 数值通过式(2.2)得到。在基于 CC2530 的实验环境中，RSSI 数值通过第 k 个信标节点的接收信号得到。式(2.11)采用高斯分布的原因在于式(2.2)中的 RSSI 数值服从高斯分布。

2.2.3　面向对称性部署的改进极大似然网格概率分布定位

图 2.4 描述了 GIMLE 算法的过程。机器人首先收集周围网络环境中信标节点的坐标信息以及测算与机器人之间的估计距离。以距离机器人最近的信标节点为中心，建立固定半径长度的网格区域。单元格为 $0.01\ \mathrm{m}^2$ 的方形单元格。然后，从第一个单元格开始到最后一个单元格，计算每个单元格质心可能成为机器人估计坐标的概率。其方法是测算单元格与每个信标节点之间的概率分布函数，并将函数值相乘，得到该单元格的最终概率分布密度。最后，通过极大似然估计算法选取概率分布密度最大的单元格质心作为机器人的估计坐标位置。该单元格确定的方法是通过移动机器人实时探测周围信标节点的位置，以距离机器人最近的信标节点为中心建立起来的虚拟网格空间，只要存在该信标节点就一定能够构建出虚拟网格空间。

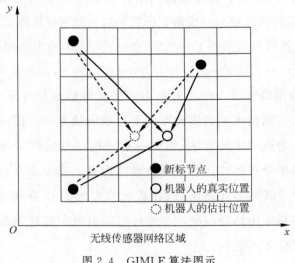

图 2.4　GIMLE 算法图示

图 2.4 中包括实线和虚线两种箭头。实线箭头表示机器人能够接收来自信标节点的 RSSI 数值。虚线箭头表明每个单元格，作为机器人估计位置的可能选项，能够通过仿真的方式得到信标节点的 RSSI 数值。

如图 2.4 所示，由于测距噪声干扰和环境因素影响，机器人的实际位置与估计位置之间往往存在偏差，构成定位误差。定位误差的减少可以通过各种途径实现。在此方面做出了创新性的贡献。在定位过程中,为了尽最大可能将机器人可能出现的区域缩减为最小区域,围绕着机器人的实际位置构建起一个以传感器有效通信距离为半径的网格区域,作为机器人位置估计的范围。一方面提高了定位精度,减小了定位误差偏移的幅度;另一方面最大限度减少了计算成本,缓解了传感器处理器的运算负担,对于能量有限的传感器的资源管理起到了积极作用。

在移动机器人的工作环境中,WSN 中信标节点的部署具有随机性。尤其是在灾害情况下,可能由于火灾、地震和爆炸等破坏性因素造成建筑物的损坏以及传感器节点的物理失效。WSN 可能发生突变,必须重新自组网,构建新的网络拓扑结构。移动机器人必须具备自主动态探测未知环境中随机部署的信标节点的能力。因此,在实际环境中,最大限度避免了基于网格的极大似然定位估计算法中可能出现的概率分布密度相同的对称性问题,保证了该算法的有效性和稳健性。

然后,基于网格的无线传感器网格拓扑结构仍然是目前节点部署最少、覆盖面积最大、应用领域较多的典型传感器网络。移动机器人不可避免地需要工作在对称性节点部署情况中。图 2.5 描述了 GIMLE 算法在对称性部署中的定位结果。机器人的估计位置与实际位置之间存在误差。经过多次实验,证实了该误差的不确定性。可见,GIMLE 算法在信标节点部署绝对对称的情况下,定位效果并未因环境的约束而失效。

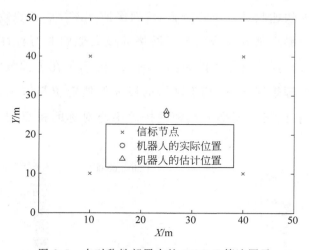

图 2.5　在对称性部署中的 GIMLE 算法图示

GIMLE 算法之所以能够在绝对对称的网络环境中实现健壮性定位,主要因为传感器节点之间测距误差的存在和环境噪声的影响。当存在测距噪声时,网格概率分布密度具有非对称性的特点。当机器人运动到网络对称性中心位置时,选取机器人周围 5 m 半径的正方形网格区域。表格中每个单元格代表对应坐标系中的网格区域。单元格数值为该网格的概率分布密度。如图 2.6 所示,概率分布密度数值呈现不规则变化现象。究其原因,是由测距误差按照高斯白噪声随机变化造成的。因为噪声的随机性,使得概率分布密度出现随机性。并且,概率分布密度的分布区域较为集中,从而保证了 GIMLE 算法可以快速收敛到估计位置。

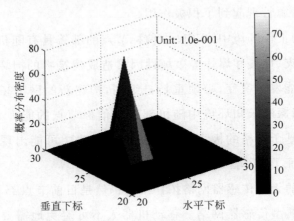

图 2.6   测量噪声引起的网格概率分布值的非对称性图示

该算法的复杂性体现在概率分布函数的计算过程,由于需要对每个单元格质心计算概率分布密度,增加了算法的复杂性。但是,由于概率分布密度的分布区域较为集中,GIMLE 算法能够快速收敛到单一位置,从而保证了该算法的收敛性和快速性。

测距误差和环境噪声是否为造成基于网格的极大似然非对称性的唯一因素,是否还有其他使干扰定位呈现非对称性的原因? 图 2.7 给出了在去掉测距噪声干扰和周围环境扰动因素影响的理想情况下,基于网格的极大似然定位算法出现对称性效果。在坐标系的固定区域内,网格的概率分布密度按照中心对称的特点均匀分布。概率分布

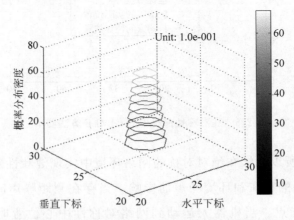

图 2.7   无测量噪声时网格概率分布值的对称性图示

密度的极大似然数值同时出现在相邻的正方形区域中。该定位算法因为没有单极值而产生定位偏移。只要没有噪声出现，对称性现象就一直存在。但是，在真实环境中，测距误差和环境噪声是无法避免的，因此不会出现类似情况。

2.3　基于卡尔曼滤波的盲区定位

卡尔曼滤波器按照递归形式建立状态和估计方程。每次迭代计算的参数很简单，仅包括上次状态估计值和本次观测数据，无须保留历史数据，因此，计算成本较低，无须较大存储空间。针对测量误差进行校正和平滑，使估计值不断逼近真实值。卡尔曼滤波器在线性系统中可以产生统计学上的最优估计。而在非线性系统中，扩展卡尔曼滤波器可以对低级冗余数据进行融合。

2.3.1　一般状态空间模型

由于基于 RSSI 测距模型的定位算法误差都是高斯白噪声，卡尔曼滤波可以提供融合数据的最优估计。其递归本质有效降低了计算成本。

（1）存在控制选项的线性离散时间的一般状态方程：

$$X_{k+1} = A_k X_k + B_k u_k + C_k V_k \tag{2.13}$$

其中，$X_k \in \mathbf{R}^n$ 表示 k 时刻的状态向量；u_k 为 k 时刻的控制信号；$A_k \in \mathbf{R}^{n \cdot n}$ 为 k 时刻的状态转移矩阵；B_k 为 k 时刻的控制加权矩阵；$C_k \in \mathbf{R}^{n \cdot n}$ 为过程噪声分布矩阵；$V_k \in \mathbf{R}^n$ 为拥有零均值和正定协方差 Q_k 的高斯白噪声向量。

$$E[V_k] = 0 \tag{2.14}$$

$$E[V_k V_l'] = Q_k \delta_{kl} \tag{2.15}$$

式（2.14）表示向量均值为零，式（2.15）表示向量为正定协方差的高斯白噪声。

（2）传感器的观测方程：

$$Z_k = H_k X_k + W_k \tag{2.16}$$

其中，$Z_k \in \mathbf{R}^m$ 为 k 时刻的传感器观测向量；$W_k \in \mathbf{R}^m$ 为拥有零均值和正定协方差矩阵 R_k 的高斯白噪声向量。

$$E[W_k] = 0 \tag{2.17}$$

$$E[W_k W_l'] = R_k \delta_{kl} \tag{2.18}$$

该状态空间模型使用状态变量法作为滤波理论基础，采用预测量和干扰噪声的状态空间模型取代常用的协方差函数，建立状态空间和离散时间之间的关联，更适用于计算机执行。

2.3.2　改进的经典卡尔曼滤波算法

卡尔曼滤波融合是一种迭代递进的状态和参数估计法，根据测量误差，对于状态进行校正，不断逼近真实数据。根据卡尔曼滤波算法的原理，结合其他定位算法的计算结果，创新出移动机器人在线性轨迹运动情况下的经典卡尔曼递归滤波算法。

对移动机器人的传感器测距观测方程进行改造，可以将任何现有的定位算法计算结果作为测量数据直接导入观测方程中，极大地简化了数学模型的复杂度和计算成本。将卡尔曼滤波定位算法由独立自主定位改进为联合优化定位，由复杂的离散形式状态方程改进为线性简单状态方程，成为本书的亮点。

机器人观测算式可表示为：

$$Z_k = \text{Point}_k \tag{2.19}$$

其中，$Z_k \in \mathbf{R}^m$ 为机器人搭载的传感器在 k 时刻的观测向量；Point_k 为其他定位算法在 k 时刻的定位坐标结果。

假设移动机器人的真实坐标为 $X_{k/k}$，移动机器人的估计坐标 $\hat{X}_{k/k}$ 能够通过 Z_k 计算得到；$\hat{X}_{k+1/k}$、$\hat{X}_{k/k}$ 和新的测量值 Z_{k+1} 能够共同预测下一时刻的坐标，产生了迭代递推滤波算法。通过 k 时刻预测 $k+1$ 时刻的状态方程如下：

$$\hat{X}_{k+1/k} = A\hat{X}_{k/k} + B_k u_k \tag{2.20}$$

其中，A 为状态转移矩阵 $[1, v; 0, 1]$，v 是机器人在水平或者垂直方向的运动速度；B_k 是在水平或者垂直方向的控制权值 1；u_k 是控制信号。移动机器人的估计坐标为：

$$\hat{X}_{k/k} = [X_{k/k}\, \mathrm{d}t]^{\mathrm{T}} \tag{2.21}$$

其中，$X_{k/k}$ 是机器人的水平或者垂直坐标；$\mathrm{d}t$ 是机器人运动的单位时间。

当新的定位数据测量值 Z_k 到达时，有

$$\hat{X}_{k+1/k+1} = \hat{X}_{k+1/k} + K_{k+1}(Z_{k+1} - H_{k+1}\hat{X}_{k+1/k}) \tag{2.22}$$

其中，K_{k+1} 是滤波增益；H_{k+1} 是观测方程的参数矩阵；K_{k+1} 通过最小方差原则给出如下：

$$K_{k+1} = P_{k+1/k}H_{k+1}^{\mathrm{T}}(H_{k+1}P_{k+1/k}H_{k+1}^{\mathrm{T}} + R)^{-1} \tag{2.23}$$

其中，R 是测量高斯白噪声的协方差；预测的误差方差矩阵 $P_{k+1/k}$ 为：

$$P_{k+1/k} = AP_{k/k}A^{\mathrm{T}} + Q \tag{2.24}$$

其中，$\boldsymbol{P}_{k/k}$ 是针对水平和垂直坐标的常量[1,1;1,1]。

通过 $\boldsymbol{P}_{k+1/k+1}$ 预测误差方差矩阵 $\hat{\boldsymbol{X}}_{k+1/k+1}$ 如下：

$$\boldsymbol{P}_{k+1/k+1} = \boldsymbol{P}_{k+1/k} - \boldsymbol{K}_{k+1}\boldsymbol{H}_{k+1}\boldsymbol{P}_{k+1/k} \tag{2.25}$$

目前应用于移动机器人定位技术领域的算法都无法真实实现在多样 WSN 环境下的有效定位，往往会在特殊网络情况下出现严重的定位显著偏离现象。对此改进的卡尔曼滤波算法专门增加了预测控制机制，有效规避了误差过大现象，促使定位优化结果不断逼近状态和参数真实数值。控制算式为：

$$\boldsymbol{u}_{k+1/k} = \begin{cases} \boldsymbol{u}_k - p, & \hat{\boldsymbol{X}}_{k+1/k+1} > \hat{\boldsymbol{X}}_{k+1/k} \\ \boldsymbol{u}_k, & \hat{\boldsymbol{X}}_{k+1/k+1} = \hat{\boldsymbol{X}}_{k+1/k} \\ \boldsymbol{u}_k + p, & \hat{\boldsymbol{X}}_{k+1/k+1} < \hat{\boldsymbol{X}}_{k+1/k} \end{cases} \tag{2.26}$$

$$\hat{\boldsymbol{X}}_{k+1/k+1} = \begin{cases} \hat{\boldsymbol{X}}_{k+1/k} + s, & \hat{\boldsymbol{X}}_{k+1/k+1} > \hat{\boldsymbol{X}}_{k+1/k} + s \\ \hat{\boldsymbol{X}}_{k+1/k} - s, & \hat{\boldsymbol{X}}_{k+1/k+1} < \hat{\boldsymbol{X}}_{k+1/k} + s \end{cases}$$

$$s = v \times \mathrm{d}t \tag{2.27}$$

其中，$\boldsymbol{u}_{k+1/k}$ 为迭代控制信号；p 为控制精度 0.001；s 为移动机器人单位步长。当机器人定位坐标经过经典卡尔曼滤波器迭代后仍然出现严重失真情况时，将坐标波动范围尽量减小，控制在一定精度范围内。一旦出现坐标严重溢出有效区间时，强制迭代数据停留在合理移动范围内。

2.3.3　适用于网络盲区虚拟信标节点的卡尔曼滤波算法

针对 WSN 中由于随机部署信标节点，或者周围环境发生破坏性灾害造成部分信标节点毁坏，产生的网络盲区现象，提出了一种基于卡尔曼滤波的虚拟信标节点产生算法，该算法包括移动机器人动态定位算法和虚拟信标节点产生方法，其中虚拟节点坐标的确定结合了改进的经典卡尔曼滤波器，保证了整个算法的合理性，并对移动机器人动态定位算法进行了优化改进。

1. 网络盲区中的移动机器人动态定位算法

极大似然算法随着信标节点的数量的减少而出现显著位置估计偏离。当信标节点数目少于三个时，无法继续完成定位计算。此时，专门针对三个信标节点的网络情况进行位置估计的三边测量算法也停止运算。只有 RSSI 基于网格极大似然算法可以继续产生位置估计信息。但是,该估计信息已经无法通过网格概率密度函数最大值解释,原因是该算法具有很强的稳健性。

可见,目前所有定位算法都有其特定的适用范围。一旦情况超出算法能够正常工作的必要条件,就会产生较大的估计误差。这与极其复杂的灾难救援环境存在明显的矛盾。

2. 网络盲区中的虚拟信标节点

当移动机器人运动到网络盲区时,由于可供参考的信标节点极度匮乏,造成无法满足启动定位算法所必需的节点数量,产生严重的定位偏离,数学模型输出的结果常常造成数百米的定位误差,导致整个定位过程以失败告终。因此,基于卡尔曼滤波的虚拟信标节点产生算法针对少于三个信标节点的特殊情况,采用改进的经典卡尔曼滤波器已经产生的最优坐标数据为参照,产生足够运行上述定位算法的虚拟信标节点数量,然后使用相应的定位数学模型实现网络盲区环境下的有效定位。

虚拟节点产生算法如下:

$$VirtureNode_{k+1} = Node_k + RandStep \tag{2.28}$$

其中,$Node_k$ 为移动机器人周围已知信标节点坐标;RandStep 为均值为 0,方差为机器人步长平方的正态分布。

当移动机器人到三个信标节点的估计距离已知时,就可以启动相应的定位算法。其中一个或者两个信标节点可以是通过卡尔曼滤波算法产生的虚拟节点。

3. 绝对盲区中的位置估计

对于没有任何信标节点的绝对网络盲区,也对此进行了算法补偿处理,确保 GIMLE 算法可以顺利运行在任何网络环境中。其思想是充分利用了改进的经典卡尔曼滤波器产生的最优坐标随机产生虚拟移动机器人定位坐标。然后将此坐标假设为移动机器人的定位算法观测方程数据导入改进的经典卡尔曼滤波器中进行平滑和优化。运行结果显示,符合实际工程环境的定位要求。

2.4　仿真和实验结果分析

在室内环境中,设置移动机器人每 0.5 s 完成一次采样,持续时间为 20 s。移动机器人以 0.5 m/s 的速度穿越 $50 \times 50 \text{ m}^2$ 的无线传感器节点随机部署的监测区域,无线射频信号的测距范围阈值为 15 m。

图 2.8 分析了在随机部署不同信标节点数目时,移动机器人动态探测到的信标节点数目的统计信息。在部署 16 个节点的区域中,机器人在 4 个采样时刻探测到 2 个信标节点,在 13 个采样时刻探测到 3 个信标节点,在 24 个采样时刻探测到 4 个以上信标节点。随着节点密度的降低,机器人有更多的采样时刻探测到少于 3 个信标节点的网络盲区情况。例如,在 14 个节点区域中,有 4 个采样时刻探测到 1 个信标节点,有 5 个采样时刻探测到 2 个信标节点。在 12 个节点区域中,多达 26 次探测到 2 个信标节点。在 8 个节点区域中,出现 16 次探测到 0 个信标节点、11 次探测到 1 个信标节点、16 次探测到 2 个信标节点,并且没有出现 3 个信标节点的情况。

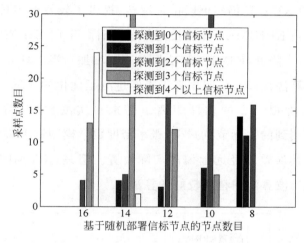

图 2.8 机器人动态探测到信标节点数目图示

为了对比提出的 GIMLE 算法具有更好的定位性能,介绍了三种能够运行在网络盲区的定位算法,卡尔曼滤波改进的极大似然(Kalman filter Improved Maximum Likelihood Estimation,KIMLE)算法能够改进经典的极大似然算法,并结合卡尔曼滤波实现网络盲区定位。卡尔曼优化 RSSI 测距的卡尔曼改进极大似然(Kalman filter optimizing RSSI anging and Kalman filter Improved Maximum Likelihood Estimation,KRKIMLE)算法是在 KIMLE 算法的基础上增加了卡尔曼滤波对 RSSI 测距结果的优化处理,从而提高了定位精度。卡尔曼滤波基于网格的改进极大似然(Kalman filter Grid-based Improved Maximum Likelihood Estimation,KGIMLE)算法是对 GIMLE 算法的合理补充,增强了定位结果的平滑效果。

在无线传感器网络定位算法中,极大似然算法以其稳定的定位精度和较强的环境适应能力成为评价各种定位算法优劣的重要标准。但是,极大似然算法对于周围环境中的信标节点数目有严格要求,其数目不能少于 3 个信标节点,否则极大似然算法将因为数据不足而失效。而该研究的无线传感器网络中,信标节点数量稀少,在所有实验环境中都会不同程度出现信标节点数量不足 3 个的网络盲区现象。因此,将具有更强稳健性的 KIMLE 算法作为评价算法优劣的主要标准。其他算法都在与 KIMLE 算法的比较中得出了定位性能优劣的相关结论。

KIMLE 和 KRKIMLE 算法能够在网络盲区实现移动机器人的动态定位,可以用于与提出算法的性能比较。

图 2.9 对比了在不同网络盲区中,各种卡尔曼滤波算法的 RMSE(Root Mean Square Error,均方根误差)。在 16 个节点区域中,节点密度较高,网络盲区只局限在 2 个信标节点。提出的 KIMLE 仍然可以正常运转,提供了较好的定位精度。KIMLE 算法估计误差略高,但是 KRKIMLE 算法接近最佳估计。采用 KGIMLE 算法误差较高。随着节点密度的进一步降低,KIMLE 算法误差逐渐增加。当出现 0 个信标的绝对网络盲区时,KRKIMLE 算法误差反而明显高于未经过测距优化的算法。原因在于,在卡尔曼滤波算法机制中,虚拟节点的估计距离不是来自实测数据,无法有效平滑优化。GIMLE 算法随着探测到的信标节点减少,概率密度数学模型逐渐失效。虽然仍然可以继续输出位置估计,其误差已经远远偏离实际位置。但是,KGIMLE 算法逐渐进入最佳状态,成为卡尔曼滤波算法中精度较好的算法。

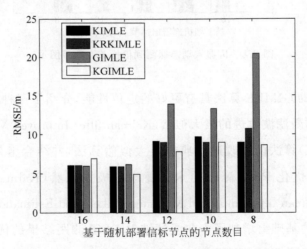

图 2.9　卡尔曼滤波算法的网络盲区中的 RMSE 图示

图 2.10 描述了随机部署 8 个节点,机器人穿越绝对网络盲区的路径和采样情况。机器人出发时,只能探测到一个信标节点,随后进入绝对网络盲区。最后逐渐与两个信标节点建立信息通信。其间,有 14 个采样时刻没有探测到任何信标节点信息。有 11

次采样仅探测到 1 个信标节点信息,最多 16 次探测到 2 个信标节点信息。整个过程没有达到正常定位算法位置估计所必需的 3 个信标节点信息。

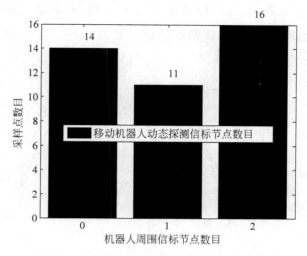

图 2.10 绝对网络盲区中移动机器人采样图示

图中描述的移动机器人探测到的信标节点数目都无法达到极大似然算法正常工作所必需的 3 个信标节点的数量,表明移动机器人进入网络盲区环境,现有的定位算法都无法正常工作。但是,提出的虚拟信标节点技术成功克服了网络盲区问题,实现了移动机器人自主动态定位。

图 2.11 阐述了在绝对网络盲区中卡尔曼滤波算法的误差累积分布情况。由图 2.11 可知,KGIMLE 算法借助虚拟节点的信息提供了相对精确的位置信息,KIMLE 算法也能够贴近最优定位估计,只有 KRKIMLE 算法误差较大。

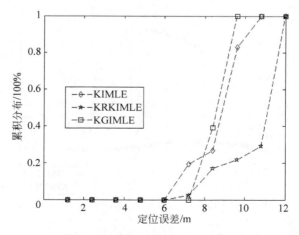

图 2.11 卡尔曼滤波算法在绝对网络盲区的误差累积分布图示

图 2.12 对比了卡尔曼滤波算法在绝对网络盲区中的定位误差。经过卡尔曼滤波后的所有算法都保持了平滑的位置估计信息，几乎没有明显的波动。并且，其初始阶段都能提供较好的定位效果。但是，随着累积误差的增加，算法之间的差距开始扩大。KRKIMLE 算法误差最大，其余算法都能将误差控制在较小范围内。在穿越绝对网络盲区时，KGIMLE 算法的效果最好。

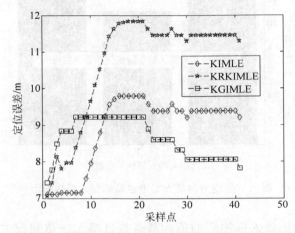

图 2.12　卡尔曼滤波算法在绝对网络盲区的定位误差图示

图 2.13 描述了在绝对网络盲区中虚拟信标节点对于显著缩小定位误差的作用。由于极大似然算法的数学模型约束，当信标节点数目不足 3 个时，将无法启动定位算法。必须借助虚拟信标节点达到数学模型运行的最低限度。因此，在讨论的绝对网络盲区环境中，需要依靠虚拟信标节点的辅助完成定位，仅讨论可以在绝对网络盲区中正常定位的 GIMLE 和 KGIMLE 算法之间的误差对比。借助虚拟信标节点的信息，

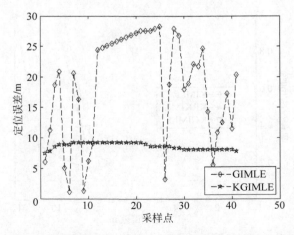

图 2.13　基于虚拟信标节点的算法在绝对网络盲区的定位误差图示

KGIMLE 算法能够将定位误差一直保持在平滑可控范围内。而 GIMLE 算法则因为信标节点缺少,产生了明显的位置估计错误,波动范围很大,无法有效定位。

为了更好地体现提出算法的定位效果,设计了基于网格部署的自主定位实验。实验环境为 $1020 \times 630 \ cm^2$ 的教学实验室房间。室内人员较多,桌椅围绕墙壁摆放,仪器设备和无线设备较为丰富,各种信号交互叠加效果明显。为了实验数据准确,预先在天棚固定了网格区域位置悬挂信标节点。地面特定区域标注了自主定位节点将会到达的位置标识。为了避免地面反射效果的严重影响,自主定位节点选择在距离地面 50 cm 的高度采集测量数据。自主定位节点与信标节点之间的垂直距离为 112 cm。CC2530 自主定位节点在预先指定的采样点位置收集周围信标节点的 RSSI 数据,来自同一个信标节点的测量数据取平均值。然后,将所有数据导入计算装置实现定位估计。本实验设计了基于网格部署 4 个信标节点的场景,如图 2.14 所示。

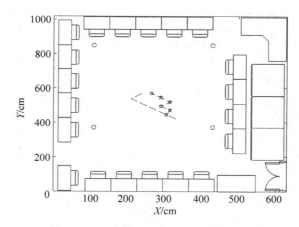

图 2.14 4 个信标节点的定位实验图示

其中,○ 为电源能量充足的信标节点;— 为自主定位节点实际经过路径;☆ 为 KGIMLE 算法定位估计路径。

图 2.15 描述了 4 个节点场景中卡尔曼滤波的误差累积分布。由于 KIMLE 和 KRKIMLE 算法获取了足够的信标节点位置信息,因此定位效果较好;提出的 KGIMLE 算法也显示了较好的定位精度。三种定位算法的误差累积分布趋势基本相同。

图 2.16 对各种定位算法的定位误差进行对比。每个采样点上,三种定位算法的相对位置非常接近。甚至在个别采样点位置,KGIMLE 算法显示出了更好的定位结果。

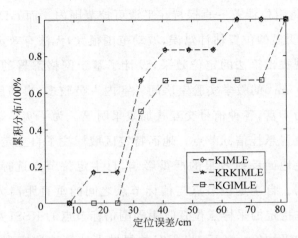

图 2.15   在 4 个信标节点场景中卡尔曼滤波算法的累积分布概率图示

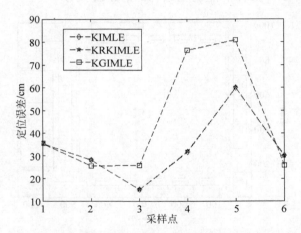

图 2.16   在 4 个信标节点场景中卡尔曼滤波算法的定位误差图示

2.5   本章小结

本章对复杂的室内 WSN 环境展开研究,重点聚焦在网络盲区定位的解决方案。网络盲区往往是在随机部署信标节点的情况下产生的。本章重新设计了适用于网络盲区定位的卡尔曼滤波算法。通过一系列扩展实验的研究,本章提出的定位算法显示了低成本和容易实施的特点,能够扩展用于灾难救援系统。

第3章

基于改进APIT的移动
机器人动态定位

针对室内网络环境复杂多变的情况,采用基于 RSSI 的测距方法,引入信标节点辅助定位,能量充沛的移动机器人集中完成所有定位计算。针对距离无关的 APIT 定位算法误差较大、计算成本较高的情况,提出了实时遴选邻近信标节点对网格空间进行改进。针对 RSSI 易受室内环境影响的情况,采用卡尔曼滤波算法修正定位误差。实验结果表明,所提的算法有效降低了测量噪声和定位误差,尤其是在网络通信不稳定的室内环境中,可以保证定位结果的准确性。

该算法的创新性贡献体现在将现有的距离无关的 APIT 定位算法进行改进,克服了该方法采用节点之间相对位置定位、定位误差大的问题,提出了基于测距的 APIT 定位算法,提高了定位精度。并且,针对现有的距离无关的 APIT 定位算法只能应用于节点定位,无法实现移动机器人定位的问题,提出了基于改进 APIT 的移动机器人动态定位算法,使得移动机器人通过遴选邻近信标节点实现自主动态定位。

3.1　基于三边测量的动态定位和测距优化算法

3.1.1　三边测量定位算法

如果机器人周围邻近的信标节点数目只有三个,应用于多个信标节点同时参与定位的极大似然算法误差会出现明显增加。而专门解决三个信标节点与机器人之间完成测距后,实现位置估计的三边测量法(Trilateration Estimation,TE)是有效的解决办法。该方法以三个节点分别到达机器人的距离为圆半径,三个节点为圆心,确立了三个圆,并交汇于一点,该点就是机器人的估计位置。

假设三个节点 A_1、A_2 和 A_3 的坐标分别为 (x_1,y_1)、(x_2,y_2) 和 (x_3,y_3),到达机器人的距离分别为 d_1、d_2 和 d_3。以三个节点为圆心,测量距离为半径的圆相交于一点。该点在理论上与机器人位置重合,即为机器人的估计位置。

三边测量法算式为

$$\begin{cases} \sqrt{(x-x_1)^2+(y-y_1)^2}=d_1 \\ \sqrt{(x-x_2)^2+(y-y_2)^2}=d_2 \\ \sqrt{(x-x_3)^2+(y-y_3)^2}=d_3 \end{cases} \tag{3.1}$$

$$\Leftrightarrow \begin{cases} (x-x_1)^2+(y-y_1)^2=d_1^2 \\ (x-x_2)^2+(y-y_2)^2=d_2^2 \\ (x-x_3)^2+(y-y_3)^2=d_3^2 \end{cases} \tag{3.2}$$

$$\Leftrightarrow \begin{cases} x^2-2xx_1+x_1^2+y^2-2yy_1+y_1^2=d_1^2 \\ x^2-2xx_2+x_2^2+y^2-2yy_2+y_2^2=d_2^2 \\ x^2-2xx_3+x_3^2+y^2-2yy_3+y_3^2=d_3^2 \end{cases} \tag{3.3}$$

式(3.1)和式(3.2)分别减去式(3.3),得到

$$\Leftrightarrow \begin{cases} 2(x_1-x_3)x+2(y_1-y_3)y=x_1^2-x_3^2+y_1^2-y_3^2+d_3^2-d_1^2 \\ 2(x_2-x_3)x+2(y_2-y_3)y=x_2^2-x_3^2+y_2^2-y_3^2+d_3^2-d_2^2 \end{cases} \tag{3.4}$$

假设

$$\boldsymbol{A}=\begin{bmatrix} 2(x_1-x_3) & 2(y_1-y_3) \\ 2(x_2-x_3) & 2(y_2-y_3) \end{bmatrix}, \quad \boldsymbol{X}=\begin{bmatrix} x \\ y \end{bmatrix}$$

$$\boldsymbol{B}=\begin{bmatrix} x_1^2-x_3^2+y_1^2-y_3^2+d_3^2-d_1^2 \\ x_2^2-x_3^2+y_2^2-y_3^2+d_3^2-d_2^2 \end{bmatrix} \tag{3.5}$$

则得到算式

$$\Leftrightarrow \boldsymbol{X}=\boldsymbol{A}^{-1}\boldsymbol{B} \tag{3.6}$$

3.1.2　卡尔曼滤波优化 RSSI 测距模型算法

基于室内复杂的物理环境和多变的影响因素,会造成 RSSI 无线信号干扰噪声。实

际情况会存在一定程度的偏差。该偏差符合正态分布。通过 RSSI 测距模型进行观测时，RSSI 观测值也会偏离。由 RSSI 测距模型决定该偏离同样符合正态分布。可见，在任何采样时刻都可以同时获得关于 RSSI 测距的估计预测值和观测值。需要使用卡尔曼滤波器进行测距噪声平滑优化，获取最优估计结果。

由于移动机器人的实际 RSSI 数值 X_k 的预测信号强度 $\hat{X}_{k/k}$ 可以通过 Z_k 和 $\hat{X}_{k+1/k}$ 计算得到，而该时刻的 RSSI 预测值与上一时刻的预测值具有线性关系，$\hat{X}_{k/k}$ 又可以和新的观测 Z_{k+1} 一起进行下一时刻的预测，这样就形成了迭代递推的滤波算法。在 k 时刻对 $k+1$ 时刻的预测为

$$\hat{X}_{k+1/k} = A\hat{X}_{k/k} + B_k u_k \tag{3.7}$$

其中，A 为状态转移矩阵常量。

将式(2.2)代入观测算式为

$$Z_{k+1/k} = h(\hat{X}_{k/k}) \tag{3.8}$$

$$Z_{k+1/k} = P_0(d_0) - 10\eta \log_{10}\left(\frac{d}{d_0}\right) + X_\sigma \tag{3.9}$$

H_{k+1} 是测量算式 $h(X_k)$ 的 Jacobian 矩阵，即

$$H_{k+1} = \nabla h(X_k) = \frac{\partial h(X_k)}{\partial X_k} = 1 \tag{3.10}$$

当有新的观测数据 $Z_{k+1/k}$ 到来时

$$\hat{X}_{k+1/k+1} = \hat{X}_{k+1/k} + K_{k+1}(Z_{k+1/k} - H_{k+1}\hat{X}_{k+1/k}) \tag{3.11}$$

其中，K_{k+1} 为滤波增益，H_{k+1} 为观测方程的参数矩阵，K_{k+1} 由最小方差推出。

$$K_{k+1} = P_{k+1/k}H_{k+1}^T(H_{k+1}P_{k+1/k}H_{k+1}^T + R)^{-1} \tag{3.12}$$

其中，R 为测量的高斯白噪声协方差，$P_{k+1/k}$ 预测的误差方差矩阵为：

$$P_{k+1/k} = AP_{k/k}A^T + Q \tag{3.13}$$

$P_{k+1/k+1}$ 预测的 $\hat{X}_{k+1/k+1}$ 的误差方差矩阵为

$$P_{k+1/k+1} = P_{k+1/k} - K_{k+1}H_{k+1}P_{k+1/k} \tag{3.14}$$

测量系统参数 H 在多次实验中得出经验数值为 0.9，其卡尔曼滤波优化的 RSSI 测距效果如图 3.1 所示，经过卡尔曼滤波器处理的 RSSI 数值变化曲线明显更贴近于无噪声干扰的理想 RSSI 数据。其 RSSI 数值的 RMSE 结果减少了将近一半，成为目前比较理想的 RSSI 测距降噪工具。

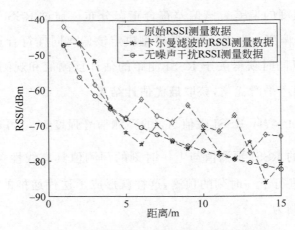

图 3.1   卡尔曼滤波优化的 RSSI 测距效果图

3.2   基于改进 APIT 的移动机器人动态定位算法

3.2.1   最佳三角形内点测试数学模型

APIT（Approximate Point-In-Triangulation Test，近似三角形内点测试法）定位算法是一种自主定位的非测距定位算法，首先判断机器人与三个信标节点之间的相对位置，再获取三个信标节点质心。其相对位置判断的依据是最佳三角形内点测试法（Prefect Point-In-Triangulation Test，PIT）。

1. 机器人在三角形内部

假设机器人处于三角形的内部。从机器人的角度观测，自己向任何方向移动时，都会产生接近一个三角形顶点，而同时远离三角形其他顶点的情况。

2. 机器人在三角形外部

假设机器人处于三角形的外部。从机器人的角度观测，自己向某个特定方向移动时，会同时接近或者远离三角形所有顶点。

如图 3.2(a)所示，当机器人处于信标节点构造的三角形内部时，如果将节点 D 作为机器人下一个位移位置，分别通过节点 D 和机器人接收 A、B、C 三个信标节点的信号强度信息。节点 D 接收到的节点 B 信号强度大于机器人接收到的节点 B 信号强度，

而节点 D 接收到的节点 A 和节点 C 的信号强度小于机器人接收到的节点 A 和节点 C 的信号强度。表明机器人接近节点 B,同时远离节点 A 和节点 C。如果将节点 E 作为机器人下一个位移位置,重复上述实验,可以得到机器人接近节点 C,同时远离节点 A 和节点 B。最终确定机器人在$\triangle ABC$ 内部。

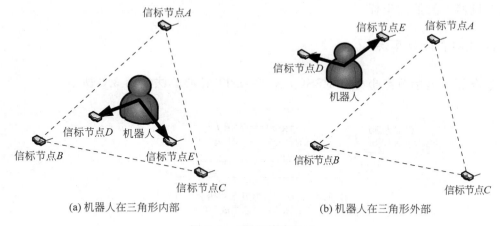

(a) 机器人在三角形内部　　　　　　(b) 机器人在三角形外部

图 3.2　APIT 算法图示

如图 3.2(b)所示,当机器人在三角形外部时,如果机器人向节点 D 方向移动,则从节点 D 接收到的顶点节点信号强度都会小于机器人接收到的相同节点信号强度,从而断定机器人在向节点 D 方向运动时,同时远离三个顶点节点。但是,当节点 E 为下一个位移位置时,可以得到与机器人处于三角形内部时完全相同的现象,即机器人接近节点 A 的同时远离节点 B 和节点 C。作为机器人处于三角形外部的条件是,只要存在一种同时远离或者接近三个顶点的情况,就可以确定机器人位于三角形之外。因此,得出机器人不处于三角形内部的结论。

3.2.2　改进 APIT 算法

基于测距的改进 APIT 定位算法实现了移动机器人实时动态定位。移动机器人在运动过程中,周期性收集所有邻近信标节点的 RSSI 射频信号强度和坐标,通过 RSSI 测距数学模型转换成机器人与信标节点之间的距离。然后穷尽搜索所有包含移动机器人的三角形区域,判断机器人是否处于三角形内部。根据信标节点之间已知的坐标值,通过欧氏距离公式计算所有信标节点与构成三角形的信标节点之间的距离,从而确定机器人与三角形的相对位置关系,并确定重叠次数最多的多边形区域,寻找该多边形的质心坐标作为移动机器人的估计位置。

在室内无线传感器网络中,信标节点周期性广播自身坐标,机器人通过邻近节点坐标与组成三角形的信标节点的坐标计算出邻近节点与三角形信标节点之间的距离,判断机器人自身是否在三角形内部,从而估计移动机器人可能的位置区域。APIT 寻找所有三角形重叠区域缩小机器人可能存在的区域面积,通过估计重叠区域质心的位置作为移动机器人的估计坐标。

1. APIT 核心算法

融合邻近信标节点坐标和 RSSI 信息的 APIT 核心算法如图 3.3 所示。

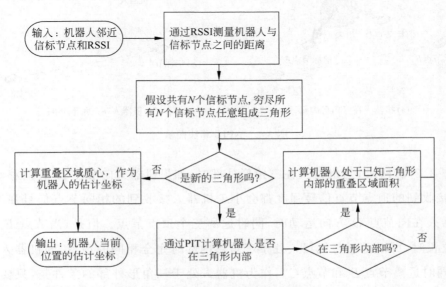

图 3.3　APIT 核心算法流程图示

通过遍历所有不同的三角形组合,计算机器人的估计位置。

2. 改进 APIT 算法

该算法以移动机器人为中心,探测以阈值为半径的区域内的所有信标节点;然后通过判断移动机器人是否在信标节点构成的三角形区域中,确定是否启动 APIT 算法。在 APIT 算法启动的初始阶段,通过遍历机器人周围阈值区域内的信标节点坐标,寻找横坐标最小值和纵坐标最小值,以及横坐标最大值和纵坐标最大值,从而确定矩阵网格区域范围:

$$\boldsymbol{V}_{\min}[\min(x_1,x_2,\cdots,x_n)\ \min(y_1,y_2,\cdots,y_n)] \tag{3.15}$$

$$\boldsymbol{V}_{\max}[\max(x_1,x_2,\cdots,x_n)\ \max(y_1,y_2,\cdots,y_n)] \tag{3.16}$$

其中，$V_{\min}$ 为移动机器人周边动态矩阵网格区域左下角坐标；$V_{\max}$ 为矩阵区域右上角坐标；$\min(x_1,x_2,\cdots,x_n)$ 为所有通信区域内信标节点横坐标最小值；$\min(y_1,y_2,\cdots,y_n)$ 为所有通信区域内信标节点纵坐标最小值；$\max(x_1,x_2,\cdots,x_n)$ 为所有通信区域内信标节点横坐标最大值；$\max(y_1,y_2,\cdots,y_n)$ 为所有通信区域内信标节点纵坐标最大值。

以左下角坐标和右上角坐标确定行数为 100、列数为 100 的网格矩阵，计算每个网格的质心坐标为：

$$\boldsymbol{D}_{i,j}=\left[x_{\min}+\frac{1.5}{100}\times i\times(x_{\max}-x_{\min})\quad y_{\min}+\frac{1.5}{100}\times j\times(y_{\max}-y_{\min})\right]\quad(3.17)$$

其中，$\boldsymbol{D}_{i,j}$ 为第 i 行第 j 列网格质心坐标，i 和 j 为 $1\sim100$ 的整数；$x_{\min}$、$y_{\min}$、$x_{\max}$、$y_{\max}$ 分别为横坐标和纵坐标的最小值和最大值。

网格质心的权值以 0 为基数。如果网格质心所在区域与包含机器人在内的三角形区域重合，则网格质心的权值自加 1。如果网格质心与不包含机器人的三角形区域重合，则网格质心的权值自减 1。公式如下：

$$\boldsymbol{V}_{i,j}=\begin{cases}\boldsymbol{V}_{i,j}+1,\text{if }\boldsymbol{D}_{i,j}\bigcap\boldsymbol{I}_{a,b,c}==\text{TRUE}\\\boldsymbol{V}_{i,j}-1,\text{if }\boldsymbol{D}_{i,j}\bigcap\boldsymbol{O}_{a,b,c}==\text{TRUE}\end{cases}\quad(3.18)$$

其中，$\boldsymbol{V}_{i,j}$ 为第 i 行第 j 列网格质心的权值，$\boldsymbol{I}_{a,b,c}$ 为由 A、B、C 信标节点构成的三角形中涵盖机器人位置的集合，$\boldsymbol{O}_{a,b,c}$ 为由 A、B、C 信标节点构成的三角形中不包含机器人位置的集合。

移动机器人的估计坐标为网格质心权值最大的网格区域构成的多边形中的质心坐标，即获取网格质心权值最大的所有网格的集合。然后，遍历集合中每个网格质心坐标的平均值。该加权后的计算结果就是机器人的近似位置，即

$$\boldsymbol{P}_{\text{robot}}=\left[\frac{1}{h}\sum_{i=m}^{m+h}D_i^x\quad\frac{1}{h}\sum_{j=n}^{n+h}D_i^y\right]\mid\max(\boldsymbol{V}_{a,b})\quad(3.19)$$

其中，$\boldsymbol{P}_{\text{robot}}$ 为移动机器人在基于测距的改进 APIT（Improved APIT，IAPIT）算法中的估计坐标点，$\max(\boldsymbol{V}_{a,b})$ 为所有网格中权值最大的所有网格质心的集合，h 为最大权值质心的总数，D_i^x 和 D_i^y 分别为权值最大的网格质心的横坐标和纵坐标，m 为集合中左下角网格在 x 轴方向的起始下标，n 为该网格在 y 轴方向的起始下标。

图 3.4 描述了权值的计算方法。所有网格初始权值为 0。三角形由网格构成。如果机器人出现在三角形内部，则对应三角形的所有网格权值加 1；否则，相应网格权值减 1。通过遍历所有三角形区域，如图 3.4 的最高区域所示，确定最大网格集合的权值为 3。然后，计算该网格集合的质心，就是机器人的估计位置。

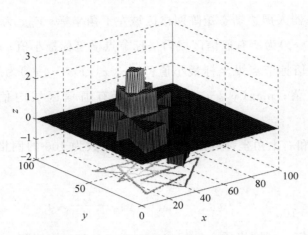

图 3.4   APIT 算法的网格权重图示

如图 3.4 所示,机器人当前时刻的 IAPIT 算法估计值只与机器人当前位置的无线传感器网络环境有关,与机器人前一时刻的网络环境无关。机器人实时收集当前时刻相邻信标节点到达机器人无线传播信号的 RSSI 数值和信标节点坐标。穷尽所有信标节点任意组成三角形,通过 PIT 数学模型首先计算机器人是否处于三角形内部,然后计算机器人处于三角形内部的所有三角形重叠区域面积,最后计算重叠区域的质心,作为计算机的估计坐标。该计算过程只与机器人当前时刻周围信标节点的网络情况有关,而与机器人前一时刻的网络情况无关,所以不存在定位算法的累积误差情况。

3.2.3   适用于网络盲区的改进 APIT 算法

当移动机器人运动在信标节点充足的无线传感器网络环境中时,基于测距的 IAPIT 定位算法可以提供误差微小的高精度定位。但是,当移动机器人进入信标节点贫乏的无线传感器网络时,基于测距的 IAPIT 定位算法将严重失真,甚至会导致整个定位估计严重偏离真实位置。为此,采用针对网络盲区的卡尔曼滤波算法提高定位精度。

其中,卡尔曼滤波的观测方程为所提出的 IAPIT 定位算法得到的估计坐标 Z_k。首先,通过卡尔曼滤波预测方法估计下一时刻的机器人出现的估计位置,再使用状态更新方程完成卡尔曼增益 K_{k+1} 的更新;其次,为了防止定位算法出现严重偏离实际位置的情况,采用误差控制方程严格限定噪声 $u_{k+1/k}$ 的波动幅度,实现运动轨迹的平滑;最后,采用虚拟信标节点方法,实现机器人在网络盲区中的位置估计,保证定位算法的适应性。

3.3　仿真实验和结果分析

3.3.1　基于测距的改进 APIT 定位算法实验

在室内环境中的 20×20 m² 的区域内,以 2 m 间距按照网格结构部署信标节点,部署过程中存在小于 0.2 m 的随机误差。移动机器人在网络空间随机运动,以 0.1 s 的周期进行采样。

图 3.5 描述了基于网格部署的无线传感器网络中,随着信标节点之间间距的增加,定位算法使用 RSSI 测距模型时的距离误差。由于网格密度小于 1.7 m 时不具备现实应用价值,并且过多的信标节点信息会包含大量噪声干扰,反而降低了定位精度,因此,本实验采用信标节点间距从 1.7 m 逐渐增加到 2.3 m 的情况,分析各算法的定位精度表现。基于测距的改进 APIT 算法(IAPIT)是在 RSSI 测距模型中位置估计最准确的方法。在信标节点部署环境不断变化的环境中,平稳地控制在 $2 \sim 3$ m 的高精准定位。因为其有效地融合周围大量信标节点的位置信息,修正自身的位置估计,所以其受环境影响的程度远远小于只能通过三个信标节点信息进行位置估计的三边测量法(Trilateration,TE)。三边测量法一直无法克服交集区域带来的误差影响,在整个定位过程中波动幅度较大,无法提供准确的位置信息。

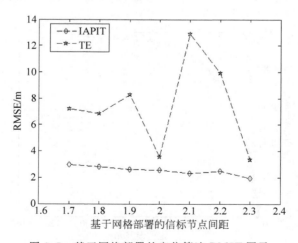

图 3.5　基于网格部署的定位算法 RMSE 图示

图 3.6 描述了在 20×20 m² 的区域内,定位算法在随机部署 30 个信标节点的无线传感器网络中,各采样点的估计位置与实际位置之间的误差结果。IAPIT 和 TE 两种

算法都会出现误差随机波动现象,这是由于 RSSI 测距模型本身存在显著环境噪声。其中,IAPIT 算法波形最为平稳,因其融合了周围许多信标节点的位置信息,有效克服了环境干扰的影响;而无法充分运行周边信标节点信息的三边测量法则波动较为剧烈,因为其既无法克服 RSSI 信号环境噪声,也无法克服交集区域误差现象。

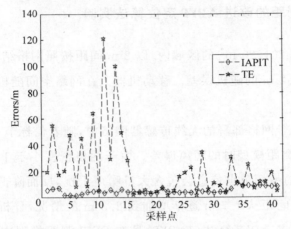

图 3.6   随机网络中定位估计误差图示

图 3.7 描述了 IAPIT 和 TE 两种算法的定位误差累积分布概率情况。IAPIT 算法可以控制 50% 的定位结果的误差范围在 4 m 以内,并且 90% 以上的定位误差不超过 8 m。由于 IAPIT 算法能够针对大型无线传感器网络环境中传感器节点密度较大的情况进行充分的信息融化,因此其最大定位误差能控制在 10 m 以内。而三边测量法则远远超出了这一界限。

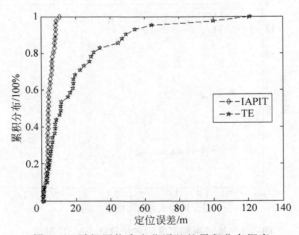

图 3.7   随机网络中定位误差的累积分布概率

图 3.8 描述了基于测距和距离无关的 APIT 定位算法的定位误差。在随机部署 40 个信标节点的无线传感器网络中,信标节点的通信半径 $R = 50$ m。提出的 IAPIT 定位

算法误差为 $0.1R$。而 Li 等提出的距离无关的 FIAPIT 定位算法误差达到 $0.6R$。可见将距离无关定位算法改进为基于测距的定位算法具有优越的理论优势,可以有效提升定位精度,适应室内机器人动态定位所需的精度要求。

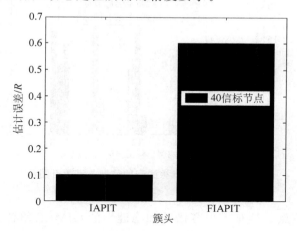

图 3.8　基于测距和距离无关的 APIT 定位误差比较图示

3.3.2　基于卡尔曼滤波的移动机器人动态定位算法实验

根据救灾现场复杂的网络环境,专门针对传感器节点失效或者损毁造成网络盲区的特殊情况设计仿真实验。在 3.3.1 节实验的基础上,降低了信标节点密度,增长机器人采样时间间隔到 0.5 s,延长了一倍的行进距离,从而可以经过更多网络盲区。

图 3.9 描述了在随机部署不同信标节点数目时,移动机器人动态探测到的信标节点数量的统计信息。在 16 个节点区域中,机器人在 4 个采样时刻探测到 2 个信标节点,在 13 个采样时刻探测到 3 个信标节点,在 24 个采样时刻探测到 4 个以上信标节点。随着节点密度的降低,机器人有更多的采样时刻探测到少于 3 个信标节点的网络盲区情况。例如,在 14 个节点区域中,有 4 个采样时刻探测到 1 个信标节点,有 5 个采样时刻探测到 2 个信标节点。在 12 个节点区域中,多达 26 次探测到 2 个信标节点。在 8 个节点区域中,出现 16 次探测到 0 个信标节点、11 次探测到 1 个信标节点、16 次探测到 2 个信标节点,并且没有出现 3 个信标节点的情况。

图 3.10 对比了在不同网络盲区中,RSSI 卡尔曼滤波的改进极大似然(KIMLE)算法、经过卡尔曼优化 RSSI 测距误差后的卡尔曼滤波的改进极大似然(KRKIMLE)算法、GIMLE 算法、卡尔曼滤波修正的基于网格的改进极大似然(KGIMLE)算法、卡尔曼滤波改进的 APIT(KIAPIT)算法和经过卡尔曼优化 RSSI 测距精度的 KIAPIT(KRKIAPIT)算法的 RMSE 估计误差。在 16 个节点区域中,节点密度较高,网络盲区

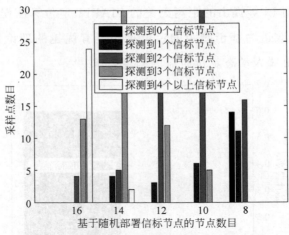

图 3.9 机器人动态探测到的信标节点数目图示

只局限在 2 个信标节点。具有极强容错性和稳健性的 GIMLE 算法正常运转,定位精度最好。KIMLE 算法的估计误差略高,经过卡尔曼滤波优化 RSSI 测距误差后,接近最佳估计。KGIMLE 和 KIAPIT 算法的误差较高。随着节点密度降低,极大似然算法的误差逐渐增加。当出现绝对网络盲区时,卡尔曼优化 RSSI 测距的卡尔曼滤波算法误差反而明显高于未经过测距优化的算法。因为在卡尔曼滤波算法机制中,虚拟节点的估计距离不是来自实测数据,无法有效平滑优化。GIMLE 算法随着信标节点的减少,概率密度数学模型逐渐失效。虽然仍然可以继续输出位置估计,其误差远远偏离实际位置。但是,KGIMLE 算法逐渐进入最佳状态,成为卡尔曼滤波算法中精度最高的算法。而 KIAPIT 算法始终保持平稳的估计效果。在 8 个节点区域中,KRKIAPIT 算法甚至可以达到最佳位置估计效果。

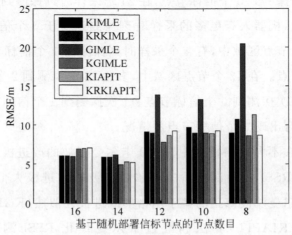

图 3.10 卡尔曼滤波算法在网络盲区中的 RMSE 图示

3.3.3 卡尔曼滤波算法在绝对网络盲区的定位实验

图 3.11 描述了 3.3.2 节中随机部署 8 个信标节点时,移动机器人穿越绝对网络盲区的路径和采样信息情况,存在 14 个采样时刻没有探测到任何信标节点信息,有 11 次采样仅探测到 1 个信标节点信息,最多 16 次采样探测到 2 个信标节点信息。整个过程没有达到正常定位算法位置估计所必需的 3 个信标节点信息。

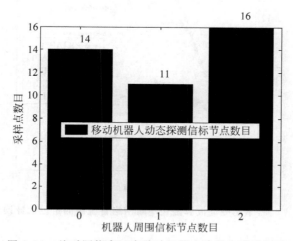

图 3.11 绝对网络盲区中移动机器人路径和采样图示

图 3.12 阐述了在绝对网络盲区中卡尔曼滤波算法的误差累积分布情况。由图 3.12 可知,KGIMLE 算法借助虚拟节点的信息提供了相对精确的位置信息;KRKIAPIT 成功克服了 PIT 测量法产生的影响,达到了逼近 KGIMLE 算法的精确程度;KIMLE 算法也能够贴近最优定位估计;只有 KIAPIT 和 KRKIMLE 算法的误差较大。但是,所有算法都成功地将误差控制在 13 m 以内。

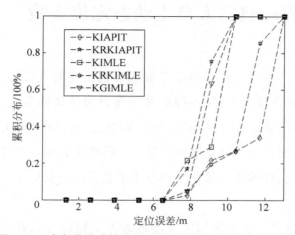

图 3.12 卡尔曼滤波算法在绝对网络盲区的误差累积分布

图 3.13 对比了卡尔曼滤波算法在绝对网络盲区中的定位估计误差。经过卡尔曼滤波后的所有算法都保持了平滑的位置估计信息,几乎没有明显的波动。并且,其初始阶段都能提供较好的定位效果。但是,随着累积误差的增加,算法之间的差距开始扩大。KIAPIT 和 KRKIMLE 算法的误差最大,其余算法都能将误差控制在较小范围内,尤其是 KGIMLE 算法成为穿越绝对网络盲区的最佳定位算法。

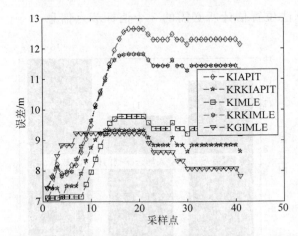

图 3.13　卡尔曼滤波算法在绝对网络盲区中的定位估计误差

以上实验分析表明,卡尔曼滤波算法是一种有效的定位数学模型,能够针对 WSN 中的网络盲区现象提供理论依据和合理估计。对于复杂多样的灾难救援环境,具有良好的定位估计性能。RSSI 测距模型的优化是创新研究之一。卡尔曼滤波器成功应用于 RSSI 测距估计,有效降低了环境噪声。实验结果验证了这一思想,得到了较好的实验数据。

3.4　室内移动机器人自主动态定位实验

实验环境为 1020×630 cm^2 的教学实验室房间。室内人员较多,桌椅围绕墙壁摆放,仪器设备和无线设备较为丰富,各种信号交互叠加效果明显。为了实验数据准确,预先在天棚固定网格区域位置悬挂 CC2530 信标节点,地面特定区域标注了自主定位节点将会到达的位置标识。为了避免地面反射效果的严重影响,CC2530 自主定位节点选择在距离地面 50 cm 高度采集测量数据。自主定位节点与信标节点之间的垂直距离为 112 cm。

图 3.14 所示的自主定位系统的实验场地为人工智能与机器人研究所实验室。在

房间的天棚按照网格部署的固定位置悬挂若干信标节点,在房间地板中央设置 30 个网格划分的采样点位置。在距离地面 50 cm 的位置放置自主定位节点,并通过串口电缆与便携式计算机连接,传输采样数据。

(a) 网格部署信标节点

(b) 自主定位节点的采样点位置

(c) 自主定位节点与计算机通信

图 3.14　自主定位系统的实验图示

计算装置承担了自主定位系统的主要计算工作,硬件要求较高,可以使用便携式计算机或者平板电脑等,也可以直接使用移动机器人完成定位计算。通过预先存储的室内空间信息和信标节点位置信息,应用提出的自主定位算法实现实时动态定位估计。

1. 4 个信标节点定位实验

在实际应用中,房间内一般部署 4 个信标节点。本实验设计了网格部署 4 个信标节点的场景。图 3.15 描述了 4 个信标节点场景中卡尔曼滤波算法的误差累积分布情况。由于改进的 APIT 算法中的 PIT 算法对于网格部署 4 个信标节点的场景效果最好,因此定位精度最高。RSSI 测距优化应用于 APIT 算法反而会增加定位误差,而其他算法虽然定位效果较好,但都不能达到改进的 APIT 算法的定位精度。

图 3.16 对比了算法间的定位误差情况。改进的 APIT 算法一直保持最佳的定位效果；KRKIMLE 算法虽然在个别采样点定位精度略高,但整体上与极大似然算法重合；其他定位算法的定位效果都无法与改进的 APIT 算法相比。

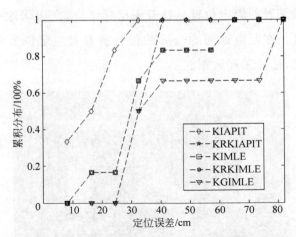

图 3.15　卡尔曼滤波算法在 4 个信标节点中的误差累积分布

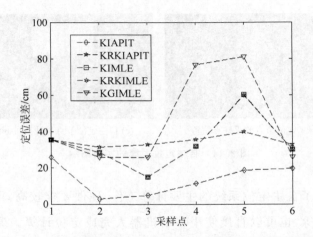

图 3.16　卡尔曼滤波算法在 4 个信标节点中的定位误差分析

2. 3 个信标节点定位实验

针对信标节点稀疏的应用环境,本实验设计了网格部署 3 个信标节点的场景。图 3.17 阐述了 3 个信标节点场景中各算法的误差累积分布趋势。由于 RSSI 测距优化效果微弱,因此未优化 RSSI 的算法与 RSSI 测距平滑后的算法基本重合。改进的 APIT 算法中的 PIT 算法在网格部署 3 个信标节点的情况下仍然适用,它提供了最好的定位精度。极大似然算法则因为信标节点密度较小,定位误差加大。

图 3.18 对比了各种算法的定位误差趋势。由图 3.18 可知,改进的 APIT 算法相对于其他算法定位误差波动较小,而极大似然算法始终处于定位误差最大的情况。

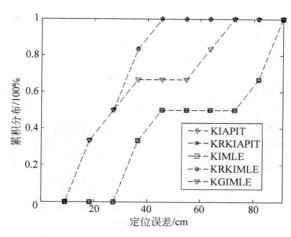

图 3.17 卡尔曼滤波算法在 3 个信标节点中的误差累积分布

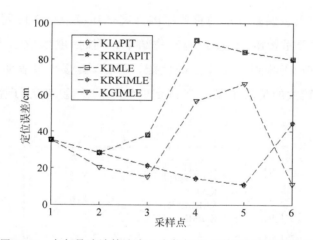

图 3.18 卡尔曼滤波算法在 3 个信标节点中的定位误差分析

3. 2 个信标节点定位实验

根据灾难救援系统中高强度破坏因素造成的大量信标节点失效的网络盲区情况,本实验设计了网络部署 2 个信标节点的特殊场景。图 3.19 描述了卡尔曼滤波算法在网络盲区中的误差累积分布情况。凭借卡尔曼滤波产生的虚拟节点,改进的 APIT 算法仍然可以有效运用 PIT 算法,提供精确的位置估计。而 RSSI 测距优化方法无法适用于虚拟节点的特殊情况,定位误差增加较多。极大似然算法由于贫乏的信标节点信息,定位误差最大。

图 3.20 对比了卡尔曼滤波算法在各采样点的定位误差情况。只有改进的 APIT 算法定位误差波动最小,一直处于最佳的定位效果。其他定位算法出现显著的误差波

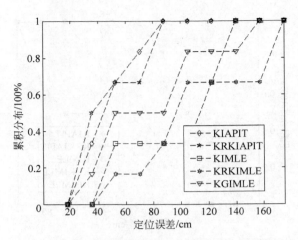

图 3.19　卡尔曼滤波算法在 2 个信标节点中的误差累积分布

动,位置估计偏移较大。误差波动的重要原因为灾难环境中存在的随机噪声较大,对于 RSSI 测距精度造成严重影响,直接影响定位结果。同时,虚拟信标节点的产生过程也存在较大的随机噪声,影响到定位算法的性能。但是,实验结果表明,该方法能够在灾难环境中随机噪声较大的情况下基本保持定位结果的平稳,满足了室内移动机器人的定位精度要求。

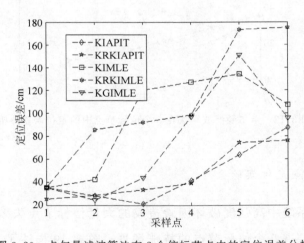

图 3.20　卡尔曼滤波算法在 2 个信标节点中的定位误差分析

图 3.21 描述了机器人的行进速度对定位算法的精度影响。在 $20 \times 20 \ m^2$ 的区域内,以 2 m 间距网格部署信标节点,部署过程中存在小于 0.2 m 的随机误差。移动机器人在网络空间随机运动,以 0.1 s 的周期进行采样,移动机器人分别按照 $0.1 \sim 1 \ m/s$ 的速度运行。由图 3.21 可知,RMSE 定位精度在 $1.8 \sim 2.8 \ m$ 不规则波动,其变化幅度主要由定位误差产生,与机器人行进速度无关。机器人的速度变化不会对定位精度产生

明显影响。证明该算法能够快速收敛到单一估计坐标,在很短的时间内实现快速定位,计算复杂性较低。

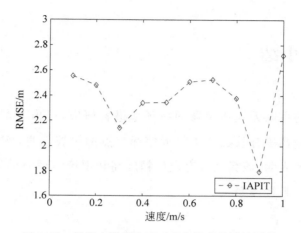

图3.21　机器人行进速度对定位精度的影响图示

图3.22描述了机器人的采样周期变化对于定位精度的影响。在20×20 m² 的区域内,以2 m间距网格部署信标节点,部署过程中存在小于0.2 m的随机误差。移动机器人在网络空间随机运动,机器人的移动速度为0.5 m/s,采用周期为0.01~0.1 s。由图3.22可知,IAPIT定位算法的RMSE定位精度在2.1~2.7 m不规则波动。其波动幅值主要由定位误差产生,机器人采样周期的变化并未对定位精度产生实质性影响。机器人的定位精度与采样周期无关。

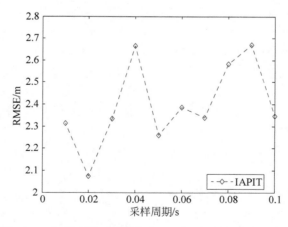

图3.22　机器人的采样周期变化对定位精度的影响图示

综上所述,根据实际灾难救援系统所涉及的具体环境差异设计了多种应用场景。实验过程专门选取人员和家具设备较多的实验室环境进行实验数据的采集,具有较好的代表性。经过深入细致的数据分析和图表描述,实验结果表明,KIAPIT算法在采用网格部署信标节点的场景中具有最佳的位置估计精度,可以扩展到实际灾难救援系统的工程建设中。

3.5　本章小结

针对复杂多变的室内无线传感器网络环境进行研究,提出了基于测距的 APIT 实时动态定位算法。该算法有效融合了邻近信标节点的位置信息,实现了移动机器人的自主定位。实验结果表明,该算法具有定位精度高和现场实现简单等特点,可以扩展用于真实环境下的灾害救援体系。

第4章

基于隐形边的移动机器人
动态定位和路径规划

　　在许多应用中,确定性和随机部署是简单和有效的。但是,在未知的、敌对的或者荒凉的环境中,无法保证有效的网络覆盖和连通性。因此,急需基于移动机器人的自动部署技术实现优化的网络覆盖和连通性。为了实现移动机器人使用最少的传感器节点实现自动部署,提出了基于隐形边的移动机器人最大范围动态定位(Maximum Range Localization with/without shadow edges,MRL)算法,该算法可以在三边测量法失效的情况下,实现移动机器人在最大范围内的自主定位。移动机器人作为节点的载体,自动地和增量式地部署信标节点,探索大尺度环境,并实现自主定位。基于三角形和生成树(Triangle and Spanning Tree,TST)的移动机器人路径规划算法用于未知环境下的高精度定位和避障。仿真结果显示,提出的算法不仅实现了网络全覆盖,而且避免了非视距(Non Line of Sight,NLOS)网络连通。同时,由于 MRL 算法需要至少两个信标节点实现移动机器人定位,因此在实验环境中的任何地方都能够接收到至少两个信标节点的无线信号。并且,提出的虚拟网格技术将探索区域分割成子区域。未知环境探索任务能够分解成若干子任务,因此有效降低了计算复杂度。

　　TST 算法的创新性贡献体现在将现有的基于隐形边的定位算法进行改进,克服了该算法的共线性问题和只能应用于节点定位的问题,提出了 MRL 算法,在没有隐形边辅助的共线情况下实现移动机器人的自主动态定位。并且,针对灾难环境中地图信息缺失,需要探测未知区域的问题,提出了 TST 算法。TST 算法能够规避障碍物和 NLOS 网络连通,实现移动机器人在未知环境下的高精度定位和避障。

4.1　移动机器人定位和路径规划以及自动部署概述

4.1.1　隐形边定位算法

假设每个传感器 σ_i 的通信半径为 $\rho > 0$,能够探测到 ρ 范围内任何节点 σ_j 的存在(例如,任何节点 σ_j,距离为 $d_{ij} \leqslant \rho$),获取节点之间的距离信息 d_{ij}。由于给出通信半径 ρ 就可以得到每个距离信息 d_{ij},结果结构为单位圆盘图。该假设是实际应用中的典型场景,尤其在采用圆形覆盖天线的情况下。

基于如上假设,甚至在网络图 G 不是全局刚性的情况下,图 4.1 显示了传感器网络也可以实现定位。传感器 σ_j、σ_h 和 σ_k,通过节点 V_j、V_h 和 V_k 表示该节点可以定位。传感器 σ_i 能够感知到传感器 σ_h 和 σ_k,但是不能感知到传感器 σ_j(节点 V_j 在虚线圆圈外)。基于距离 d_{ih} 和 d_{ik},针对节点 V_i 存在两个不同的允许位置 P_{i1} 和 P_{i2}(例如,两个圆的交点,圆心为 V_h 和 V_k,半径为 d_{ih} 和 d_{ik})。由于 σ_i 不能感知 σ_j,因此传感器 σ_i 可以排除 P_{i2}(停止标识)。点画线表示节点

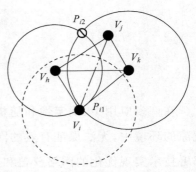

图 4.1　能够实现定位的单位
圆盘图网络图示

V_i 和 V_j 之间的隐形边。传感器 σ_i 不能使用三边测量法实现定位。虽然传感器 σ_j 无法感知传感器 σ_i,然而,σ_i 不能感知 σ_j 的事实可以为鉴别传感器 σ_i 的位置做出贡献。下文所说的隐形边就是图 4.1 中的点画线。

4.1.2　移动机器人路径规划概述

自主移动机器人的最优路径规划是未知区域探索的决定性因素。六边形、生成树、三角形和曲线轨迹是知名的解决方案。基于正六边形的移动信标辅助定位算法能够最大化定位比率和精度。基于三角形的移动信标节点证明了当信标节点的位置能够组成等边三角形时,定位精度最高。移动节点通过装备的 GPS 模块提供定位服务。因此,无法适用于室内环境。基于生成树的探索算法能够在节能模式下实现传感器节点的快速定位。它提供了任何形状和尺寸障碍物的避障机制,使用一种新颖的概率曲线路径规划。它可以在不牺牲在线性能的情况下适用于更大规模机器人编

队和搜索区域。该研究提出的 TST 路径规划算法可以同时具备较高的定位精度和避障能力。

4.1.3 移动机器人自动部署无线传感器网络概述

Rout M. 等提出了一种有效的自动部署机制,能够在方形感知区域部署移动传感器节点。它增强了网络覆盖率,并确保在具有障碍物的情况下的网络连通性。Arezoumand R. 等提出了一种多机器人系统的无线传感器节点自动部署方法,该方法将机器人作为节点载体,能够实现避障和节能情况下的快速部署。在节点失效或者通信失败的 WSN 中,可以建立故障容忍网络覆盖区域。针对连通区域覆盖问题,Ramar R. 等提出了一种 k 层覆盖率的连通支配集。k 层覆盖率的连通支配集能够有效适用于不同网络尺寸、覆盖率、能耗和生命周期。

4.2　基于隐形边的移动机器人最大范围定位

Oliva G. 等提出了一种隐形边定位算法(Shadow Edge Localization Algorithm,SELA),该算法用于 WSN 中的未知节点定位。它证明了选择最佳信标节点集合,通过 SELA 总是能够比三边测量算法(Trilateration Algorithm,TA)定位相同或者最多的未知节点。然而,SELA 忽略了两个圆可以相交于单一点的情况。为了获得最大定位性能,提出了无须隐形边的定位(Localization With/without Shadow Edges,LWSE)算法,探讨了两个圆相交于单一点或者两个不同点的所有情况。并且,针对未知区域探索问题,该算法扩展为移动机器人动态定位算法。

4.2.1 无须隐形边的无线传感器网络定位算法

假设传感器网络包括 n 个信标节点和一个移动机器人。假设信标节点在 R^2 空间的位置固定并且已知,移动机器人坐标未知。并且假设每个传感器通信半径为 $r > 0$,移动机器人 Robot$_m$ 能够检测到半径为 r 的圆形区域内的任何信标节点 a_i,获得两点之间的距离信息 d_{mi}。由于在使用圆形范围天线的情况下,在半径 r 的圆形区域内能够获得距离信息 d_{mi},网络连通性限制在单位圆盘图内部。在 R^2 空间中,三角形图通常是全局刚性的。

基于如上假设,移动机器人可以在网络连通性不是全局刚性的情况下实现自主定

位。如图 4.2 所示,机器人 $Robot_m$ 在通信半径为 r
的 WSN 中运动,表示为虚线头。机器人检测到两个
信标节点 a_1 和 a_2,表示为星形标识,箭头表示从机器
人到两个信标节点的距离 d_{m1} 和 d_{m2} 在通信半径 r
之内。因此,$Robot_m$ 无法使用 TA 定位算法实现定
位,由于信标节点 a_3 处于虚线圆圈之外,因此无法被
$Robot_m$ 检测到。然而,这个事实可以为鉴别 $Robot_m$
的准确位置做出贡献。基于距离 d_{m1} 和 d_{m2},得到圆
心为 a_1 和 a_2、半径为 d_{m1} 和 d_{m2} 的实线圆,相交于两

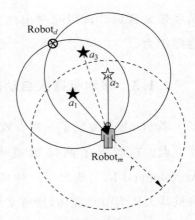

图 4.2　LWSE 算法的两个不同点图示

个不同点 $Robot_m$ 和 $Robot_d$。由于移动机器人不能
感知到 a_3,因此 LWSE 算法能够排除 $Robot_d$,表示为停止标识。并且,$Robot_d$ 和 a_3 之
间的距离小于通信半径 r。如果 $Robot_d$ 是机器人的估计位置,a_3 应该被机器人检测
到,但事实并非如此。虚线表示 $Robot_m$ 和 a_3 之间的隐形边。它表示移动机器人的位
置可以通过机器人与信标节点之间的距离确定,而无须里程计和陀螺仪,能够避免定位
算法的累积误差。

两个圆也可以相交于单一点,该场景被 SELA 忽视。LWSE 算法详细研究了单一
点问题。首先,网络连通性是全局刚性。只要移动机器人 $Robot_m$ 和两个信标节点 a_1
和 a_2 在机器人的通信半径 r 之内,处于共线情况,并且,$Robot_m$ 和 a_1 之间的距离 d_{m1}、
$Robot_m$ 和 a_2 之间的距离 d_{m2} 以及 a_1 和 a_2 之间的距离 d_{12} 已知,就能够仅通过两个信
标节点确定移动机器人的唯一坐标。

三个不同点共线,当且仅当三个点 a_1、$Robot_m$ 和 a_2 的三角形不等式如下:

$$d_{12} = d_{m1} + d_{m2}, \quad d_{12} \geqslant d_{m1} \bigcup d_{12} \geqslant d_{m2} \tag{4.1}$$

其次,当三个不同点共线时有两种特例情况。第一种特例情况为两个信标节点 a_1
和 a_2 在机器人 $Robot_m$ 的相反方向,公式表示为 $d_{12} = d_{m1} + d_{m2}$。无论 d_{m1} 和 d_{m2} 之间
的关系如何,该关系可以定义为 $d_{m1} < d_{m2}$,$d_{m1} = d_{m2}$,或者 $d_{m1} > d_{m2}$,只要机器人在两
个信标节点之间,并且三个不同点共线,则移动机器人 $Robot_m$ 总有唯一坐标。在这种
情况下,d_{12} 总是大于或等于 d_{m1} 和 d_{m2}。第二种特例情况是两个信标节点 a_1 和 a_2 在
机器人 $Robot_m$ 同侧。如果信标节点 a_2 距离机器人 $Robot_m$ 近,则表示 $d_{m1} \geqslant d_{12}$,$d_{m1} \geqslant$
d_{m2},公式表示为 $d_{m1} = d_{12} + d_{m2}$。如果信标节点 a_1 距离机器人 $Robot_m$ 近,则表示
$d_{m2} \geqslant d_{12}$,$d_{m2} \geqslant d_{m1}$,公式表示为 $d_{m2} = d_{12} + d_{m1}$。如果三个不同点共线,并且两个信标在
机器人同侧,则移动机器人总有唯一坐标。结论总结如下,只要三个不同点共线,并且两

个信标在机器人通信半径内,移动机器人总有唯一坐标,无论移动机器人和两个信标节点之间的相对位置如何。相对位置可以是两个信标节点在移动机器人的异侧或者同侧。

最后,由于两个信标节点能够确定移动机器人的唯一坐标,如果三个不同点共线,则无须隐形边。表示无须其他任何信标节点就可以识别移动机器人的准确位置。因此,该定位算法无须隐形边。

4.2.2　应用隐形边的移动机器人最大范围动态定位算法

假设 $x(t)$ 和 $y(t)$ 是移动机器人在任一时刻 t 的水平和垂直坐标。定义状态向量 $\boldsymbol{X}(t)$ 为 $\boldsymbol{X} = [x(t), y(t)]^{\mathrm{T}}$,其中 $[\cdot]^{\mathrm{T}}$ 表示向量和矩阵转置。速度 v 是常量。移动机器人的运动模型为:

$$\boldsymbol{X}(t+1) = \boldsymbol{X}(t) + \boldsymbol{A}v \tag{4.2}$$

邻近信标节点的选取机制如下所述。首先,选中的信标节点必须在移动机器人的通信半径 r 之内。其次,选中信标和机器人之间的无线通信必须为 LOS(视距)。任何具有 NLOS 无线通信的邻近信标节点必须被剔除。然后,如果选中的邻近信标数量大于 2,则根据信标节点与机器人之间的距离进行排序。仅保留距离机器人最近的三个信标节点用于 TA 定位算法。最后,如果保留的邻近信标数量为 2,LWSE 算法用于移动机器人的动态定位。邻近信标节点选取机制如下:

$$\rho_{\text{select}}(a_i) = \begin{cases} 1, & d_{\text{mi}} \leqslant r \text{ 且 rssi}_{\text{mi}} \in \text{LOS} \\ 0, & d_{\text{mi}} > r \text{ 或 rssi}_{\text{mi}} \in \text{NLOS} \end{cases} \tag{4.3}$$

$$\boldsymbol{D}_{\text{sort}} = \text{sort}(\boldsymbol{D}_{\text{select}}(d_{\text{mi}} \mid \rho_{\text{select}}(a_i)=1)), \quad \text{card}(\boldsymbol{D}_{\text{select}}) > 2 \tag{4.4}$$

$$\boldsymbol{A}_{\text{select}}^{\text{TA}} = \{a_i\} \mid d_{\text{mi}} \in \boldsymbol{D}_{\text{sort}}(1) \text{ 或 } \boldsymbol{D}_{\text{sort}}(2) \text{ 或 } \boldsymbol{D}_{\text{sort}}(3) \tag{4.5}$$

$$\boldsymbol{A}_{\text{select}}^{\text{LWSE}} = \{a_i\} \mid \rho_{\text{select}}(a_i)=1 \bigcup \text{card}(\boldsymbol{D}_{\text{select}})=2 \tag{4.6}$$

其中,$\rho_{\text{select}}(a_i)$ 是通信半径 r 之内,属于 LOS 无线通信的信标 a_i 的概率;d_{mi} 是 Robot_m 和 a_i 之间的距离;rssi_{mi} 是从 a_i 到 Robot_m 之间的无线通信状态,包括 LOS 或者 NLOS;$\boldsymbol{D}_{\text{select}}$ 是 d_{mi} 的向量,$\boldsymbol{D}_{\text{select}}$ 的成员必须服从 $\rho_{\text{select}}(a_i)=1$;$\text{sort}(\cdot)$ 是向量升序排序函数;$\boldsymbol{D}_{\text{sort}}$ 是 d_{mi} 的升序向量,$\boldsymbol{D}_{\text{sort}}$ 的成员必须服从 $\rho_{\text{select}}(a_i)=1$;$\boldsymbol{A}_{\text{select}}^{\text{TA}}$ 是仅保留三个邻近信标的向量,用于 TA 定位算法,$\boldsymbol{A}_{\text{select}}^{\text{TA}}$ 的成员必须服从 $\rho_{\text{select}}(a_i)=1$,并且距离 d_{mi} 属于按照升序排列的 $\boldsymbol{D}_{\text{sort}}$ 集合的前三个成员;$\boldsymbol{A}_{\text{select}}^{\text{LWSE}}$ 是仅保留邻近信标的向量,用于 LWSE 定位算法,$\boldsymbol{A}_{\text{select}}^{\text{LWSE}}$ 的成员必须服从 $\rho_{\text{select}}(a_i)=1$;$\text{card}(\cdot)$ 返回集合基数,必须是集合 $\boldsymbol{A}_{\text{select}}^{\text{LWSE}}$ 的两个成员,用于 LWSE 定位算法。

由于灾难救援系统存在多种噪声,因此运动速度和方向随时间变化。在 $t+1$ 时刻的机器人位置总是不规则变化。并且,无线信号干扰也造成 RSSI 数值变化。系统的测距误差非常严重。为了聚焦理论研究,应用隐形边的移动机器人最大范围动态定位算法及 TST 算法的速度 v 和方向 θ 是固定值。邻近信标和机器人之间的距离对应的 RSSI 数值为常量。因此,仿真场景简化为探索 MRL 和自动部署算法的理论模型。

图 4.3 描述了两圆相交算法。假设 $\boldsymbol{A}_{\text{select}}^{\text{LWSE}}$ 仅包括两个邻近信标节点,分别是 a_{First} 和 a_{Second}。假设两个信标的位置独一无二,在 $A(X,Y)$ 坐标系中为 (x_1,y_1) 和 (x_2,y_2)。a_{First} 和 Robot_m 之间的距离为 d_{m1},d_{m2} 是 a_{Second} 和机器人之间的距离。假设半径为 d_{m1} 和 d_{m2}、圆心为 (x_1,y_1) 和 (x_2,y_2) 的两个圆相交区域为不对称透镜。

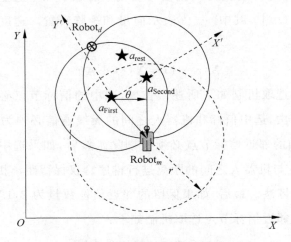

图 4.3　两个圆相交算法图示

两个圆可以相交于单一点或者两个不同点。为了获取交点位置,需要实现从坐标系 $A(X,Y)$ 到坐标系 $A(X',Y')$ 的坐标变换。因此,原点的新坐标和旧坐标相同。如图 4.3 所示,坐标系 $A(X',Y')$ 由原点 (x_1,y_1) 产生,正向水平轴射线从 (x_1,y_1) 到 (x_2,y_2)。正向坐标轴 X' 和 X 的夹角为 θ。坐标变换公式如下:

$$\begin{bmatrix} x(t)' \\ y(t)' \end{bmatrix} = \begin{bmatrix} \cos(\theta) & \sin(\theta) \\ -\sin(\theta) & \cos(\theta) \end{bmatrix} \begin{bmatrix} x(t) \\ y(t) \end{bmatrix} + \begin{bmatrix} x_1 \\ y_1 \end{bmatrix} \tag{4.7}$$

$$= \boldsymbol{C}_{x/x'} \begin{bmatrix} x(t) \\ y(t) \end{bmatrix} + \begin{bmatrix} x_1 \\ y_1 \end{bmatrix}$$

$$\boldsymbol{C}_{x/x'} = \begin{bmatrix} \cos(\theta) & \sin(\theta) \\ -\sin(\theta) & \cos(\theta) \end{bmatrix} \tag{4.8}$$

其中,$\begin{bmatrix} x(t) & y(t) \end{bmatrix}^{\text{T}}$ 是 t 时刻移动机器人在 $A(X,Y)$ 坐标系中的坐标;$\begin{bmatrix} x(t)' & y(t)' \end{bmatrix}^{\text{T}}$ 是 t 时刻机器人在 $A(X',Y')$ 坐标系中的坐标;(x_1,y_1) 是转移向量;$\boldsymbol{C}_{x/x'}$ 是旋转矩阵。

因此,两个圆方程如下:

$$(x(t)')^2 + (y(t)')^2 = d_{m1}^2 \tag{4.9}$$

$$(x(t)' - d)^2 + (y(t)')^2 = d_{m2}^2 \tag{4.10}$$

$$d = \sqrt{(x_1 - x_2)^2 + (y_1 - y_2)^2} \tag{4.11}$$

式(4.9)和式(4.10)合并如下:

$$(x(t)' - d)^2 + (d_{m1}^2 - (y(t)')^2) = d_{m2}^2 \tag{4.12}$$

计算整理得到 $x(t)'$ 的公式如下:

$$x(t)' = \frac{d^2 + d_{m1}^2 - d_{m2}^2}{2d} \tag{4.13}$$

将 $x(t)'$ 代入式(4.12)得到 $y(t)'$ 的方程如下:

$$(y(t)')^2 = \frac{4d^2 d_{m1}^2 - (d^2 + d_{m1}^2 - d_{m2}^2)^2}{4d^2} \tag{4.14}$$

$$y(t)' = \pm\sqrt{\frac{4d^2 d_{m1}^2 - (d^2 + d_{m1}^2 - d_{m2}^2)^2}{4d^2}} \tag{4.15}$$

因此,移动机器人的备选坐标公式如下:

$$\mathrm{Robot}_c(t)' = \begin{cases} \left[x(t)' \quad \sqrt{\frac{4d^2 d_{m1}^2 - (d^2 + d_{m1}^2 - d_{m2}^2)^2}{4d^2}}\right]^\mathrm{T} & 或 \\ \left[x(t)' \quad -\sqrt{\frac{4d^2 d_{m1}^2 - (d^2 + d_{m1}^2 - d_{m2}^2)^2}{4d^2}}\right]^\mathrm{T} \end{cases}, \tag{4.16}$$

$$\sqrt{\frac{4d^2 d_{m1}^2 - (d^2 + d_{m1}^2 - d_{m2}^2)^2}{4d^2}} \neq 0$$

$$\mathrm{Robot}_c(t)' = [x(t)' \quad 0]^\mathrm{T}, \quad \sqrt{\frac{4d^2 d_{m1}^2 - (d^2 + d_{m1}^2 - d_{m2}^2)^2}{4d^2}} = 0 \tag{4.17}$$

$$\mathrm{Robot}_c(t) = \boldsymbol{C}_{x/x'}^{-1}\left(\mathrm{Robot}_c(t)' - \begin{bmatrix} x_1 \\ y_1 \end{bmatrix}\right) \tag{4.18}$$

其中,$\mathrm{Robot}_c(t)'$ 是 t 时刻移动机器人在 $A(X',Y')$ 坐标系的备选坐标,$\mathrm{Robot}_c(t)$ 是 t 时刻移动机器人在 $A(X,Y)$ 坐标系的备选坐标,$\boldsymbol{C}_{x/x'}^{-1}$ 是 $\boldsymbol{C}_{x/x'}$ 的逆矩阵,式(4.16)的坐标是两个圆的两个不同交点,式(4.17)的坐标是两个圆的单一交点。

为了确定移动机器人的估计位置,隐形边用于过滤假坐标点。由于 LWSE 算法能够在 TA 算法失效时实现机器人定位,因此机器人能够检测 $A_{\mathrm{select}}^{\mathrm{LWSE}}$ 中的两个邻近信标节点,这表明机器人和除 $A_{\mathrm{select}}^{\mathrm{LWSE}}$ 外的其他信标节点之间的距离应该大于通信半径 r,因此,如果坐标点在任何信标通信半径内,则过滤该假坐标点。除 $A_{\mathrm{select}}^{\mathrm{LWSE}}$ 外的其他信标节点

的数学模型如下:

$$A_{rest}^{LWSE} = \{a_i\} \mid a_i \notin A_{select}^{LWSE} \bigcap rssi_{ci} \in LOS \qquad (4.19)$$

其中,A_{rest}^{LWSE} 是除 A_{select}^{LWSE} 外,移动机器人备选位置和信标节点具有 LOS 无线通信的任何信标节点集合;图 4.3 中的 a_{rest} 代表 A_{rest}^{LWSE} 的信标节点,它表明 a_{rest} 的位置在 $Robot_m$ 通信半径之外,接近假坐标点 $Robot_d$; $rssi_{ci}$ 是机器人备选位置和信标节点之间的通信状态,包括 LOS/NLOS。

隐形边的选择机制如下:

$$Robot_m(t) = Robot_c(t) \mid \forall d_{ci} > r \qquad (4.20)$$

其中,$Robot_m(t)$ 是在 t 时刻移动机器人的估计位置;d_{ci} 是 $Robot_c(t)$ 的备选坐标和 A_{rest}^{LWSE} 中信标节点之间的距离;如果信标节点的距离为 $d_{ci} \leqslant r$,则过滤坐标 $Robot_c(t)$。

4.2.3 应用隐形边的定位算法和三边测量算法的拟合

MRL 算法不仅能通过两个邻近信标使用 LWSE 算法定位机器人,或者通过三个最近信标节点使用 TA 算法定位,而且可以达到最大范围。这表明移动机器人能够达到现有网络覆盖和连通性情况下的最远距离。这需要机器人的机动性和智能性。机器人按照恒定速度 v 和方向 θ 运动。机器人携带移动节点,检测邻近信标,同时实现实时自主动态定位。一旦 LWSE 和 TA 算法失效,机器人将马上停止移动,然后按照相同速度 v 和方向 $\theta + \pi$ 原路返回上一位置。MRL 算法如下:

$$X(t+1) = \begin{cases} X(t) + Av, & \text{LWSE 或 TA 算法成功} \\ X(t) + A'v, & \text{LWSE 和 TA 算法成功} \end{cases} \qquad (4.21)$$

其中,$A' = [\cos(\theta+\pi), \sin(\theta+\pi)]^T$ 是移动机器人 A 向量的相反方向;π 是运动方向和水平坐标轴的 180°夹角。

4.3 基于三角形和生成树的移动机器人路径规划

为了实现移动机器人探索未知环境的最佳路径,必须符合两个重要要求。首先,移动机器人能够探索整个未知环境,并且有目的地在任何位置自动部署信标节点,同时实现避障。其次,移动机器人能够接收到通信半径 r 之内任何信标的信息。任何位置都能被 2～3 个信标节点覆盖,保证 MRL 算法可以正常工作。因此,必须保证拥有无漏洞的优化网络覆盖。

4.3.1 应用三角形和生成树的路径规划算法

基于三角形和生成树(Triangle and Spanning Tree,TST)的路径规划算法结合并改进了高定位精度和避障优点。该算法首先确定机器人的初始位置。由于该算法用于未知环境中自动部署 WSN,需要具备在不同条件下智能地在线建立三角形和生成树的能力。因此,设计了在线 TST 算法。机器人从初始位置开始建立三角形和生成树,然后按照逆时针方向搜索。机器人通过网络覆盖率感知环境,在当前网络覆盖中寻找漏洞。机器人使用地图栅格分解方法,该方法协助机器人逐步建立在线生成树,采用粗栅格和细栅格理论解决避障和避免网络覆盖漏洞问题。粗栅格定义为栅格尺寸是一个信标节点的感知范围。细栅格定义为 1 m×1 m 的网格。为了减少计算复杂度,提出了虚拟网格技术,将探索区域分割成子区域。一个虚拟网格为 50 m×50 m,并平均分割成50×50 个网格,即细栅格。细栅格是地图的基础,可以标记为已覆盖栅格(定义为被信标节点通信半径 r 覆盖的栅格)、未覆盖栅格(定义为未被任何信标节点覆盖的栅格)和障碍物。如果机器人探测该物体为障碍物,并且在同一方向的粗栅格内存在未覆盖细栅格,则将机器人当前位置到未覆盖细栅格的粗栅格区域标记为未覆盖栅格;否则,粗栅格标记为已覆盖栅格。

算法 1 描述了基于网络覆盖地图的 TST 函数,包括标记为未覆盖细栅格的网络漏洞。首先,初始化算法的仿真参数,包括机器人初始位置 X,三个初始信标节点Anchors,机器人感知数据 S 以及基于 X、Anchors、S 和 obstacles 的网络覆盖地图。基于地图,该算法首行按照逆时针选择一个方向。下一行检查是否为完全网络覆盖地图,并开始循环体。算法的第 4 行根据粗栅格阶段的方向选择无障碍物粗栅格。然后,根据机器人感知数据,确定机器人周围具有 LOS 无线通信的信标节点,MRL 算法实现移动机器人的实时定位。完成粗栅格阶段建立新分支之后,该算法建议机器人运动到下一个栅格,并建立管道。基于方向是否属于水平或者垂直组,该算法建立在线三角形或者生成树路径,直到机器人到达 MRL 算法的最大范围。然后,机器人增量式部署新信标节点,同时基于当前网络覆盖更新地图。如果机器人检测到管道结束或者障碍物,该算法基于当前地图建议一个新方向,并从第 5 行开始执行下一循环体。

算法 1: 基于三角形和生成树的路径规划(TST)算法
Algorithm 1: Trilateration and Spanning Tree(TST) algorithm

数据:S——感知数据

数据:PX——前一个细栅格

数据:X——当前细栅格

数据:W——下一个假设粗栅格

数据:L——虚拟网格中细栅格矩阵

数据:Cell——X周围粗栅格

数据:Anchors——WSN 中所有信标节点

数据:LOS——X周围 LOS 信标节点

数据:Map——L的网络覆盖地图

数据:Direction——逆时针方向选项

数据:Angles——一个方向的备选角度

```
1   [Angles, Direction]= judgeDirect(X, Map);
2   while(Map 非全覆盖) do
3       // 粗栅格阶段
4       W = select(Cell, Direction);
5       while(direction 未改变) do
6           S = get - sensor - data;
7           LOSs = detectLOS(Anchors, PX, Map);
8           X = MRL(S, LOSs);
9           if Cell == 空 then
10              Create - TreeEdge(Cell, W);
11              // 细栅格阶段
12              while(X 不能部署信标) do
13                  if Direction == 向右 or 向左 then
14                      Create - Trilateration(X, W, Direction, Angles);
15                  else
16                      Create - SpanningTree(X, W, Direction, Angles);
17                  end
18              end
19              Anchors = deployAnchor(X, Anchors);
20              Map = updateMap(Anchors, L, Map);
21          end
22          if Cell == 障碍物 then
23              Mark - obstacle(Cell, L);
24          end
25          if Cell ==(管道结束) or 障碍物 then
26              [Angles, Direction] = judgeDirect(X, Map);
27          end
28      end
29  end
```

4.3.2　实现冗余网络覆盖的漏洞修复算法

首先,当机器人在当前虚拟网格中放置最后一个信标节点时,确定网络覆盖地图当前状态。如果网络全覆盖,则定位冗余漏洞。其次,在粗栅格阶段,生成树算法在逆时针方向寻找通向最近漏洞的细栅格区域,同时实现避障,拓展树分支。然后,在细栅格阶段,生成树算法在逆时针方向调整树分支,保证机器人能够到达漏洞。若机器人探测到障碍物,则改变方向。最后,成功到达目的地后,机器人放置一个新信标节点,继续向下一个最近的漏洞运动,直到覆盖所有的网络漏洞。

4.3.3　虚拟网格的边界穿越算法

首先,当机器人在当前虚拟网格部署最后一个信标节点后,确定网络覆盖地图的当前状态。如果当前虚拟网格没有冗余漏洞,则在粗栅格阶段,生成树算法开始在逆时针方向寻找虚拟网格边界的细栅格,同时实现避障,标识为实线,拓展树分支穿越边界。其次,在细栅格阶段,生成树算法按照逆时针方向调整树分支,使得机器人适应边界上的通道。若机器人探测到障碍物,则改变方向。然后,当成功穿越边界,机器人开始按照逆时针方向部署 3 个初始信标节点。初始信标节点之间的最大间距为通信半径的 $1/2$,即 $r/2$。如果机器人在当前方向找到未覆盖栅格,则生成树算法拓展树分支;否则,机器人增量式放置一个初始信标节点,按照逆时针方向选择下一个方向拓展树分支,直到 3 个初始信标完全部署到新虚拟网格中,用于进一步探索工作。

4.4　仿真实验与结果分析

仿真软件为 MATLAB R2014a。操作系统为 Windows 8.1 64 位。CPU 是 i7-4500U 双核 4 线程。内存为 8 GB 1600 MHz。部署环境设置为 100 m×100 m。表 4.1 描述了仿真参数。为了聚焦理论研究,假设速度 v 和运动角度 θ 为不受环境噪声干扰的常量,邻近信标节点和移动机器人之间的距离是 RSSI 常数。

表 4.1　仿真实验参数

参　　　数	数　　　值
网络尺寸/m	100×100
虚拟网格尺寸/m	50×50
通信半径/m	20,30,40
初始信标节点数量	3
方向角度/θ	0,$\pi/3$,$\pi/2$,$2\pi/3$,π,$-2\pi/3$,$-\pi/2$,$-\pi/3$
运动速度/(m/s)	1.0,2.0

4.4.1　应用隐形边的最大范围定位算法分析

图 4.4 描述了直角部署的 MRL 算法的定位结果。首先，3 个初始信标节点部署在预定位置，标识为星形，坐标分别为 AN1(40,40)、AN2(40,40＋r/2)和 AN3(40＋r/2,40＋r/2)，r＝40 m,30 m,20 m。其次，部署区域尺寸为 100 m×100 m。为了统计可定位的区域，将部署区域平均分割成 100×100 个网格。网格的顶点为机器人的备选位置。然后，TA 算法用于验证备选坐标是否可以定位。如果备选坐标可以定位，则标识为正方形。图 4.4(a)描述了 TA 算法的可定位区域分别为 X 轴和 Y 轴的 20～80 m 区域，形状为橄榄型，基于 3 个初始信标节点构成的等腰直角三角形实现轴对称。由于图 4.4(b)和图 4.4(c)的通信半径较小，因此 TA 算法的可定位区域分别为 25～70 m 和 30～60 m。

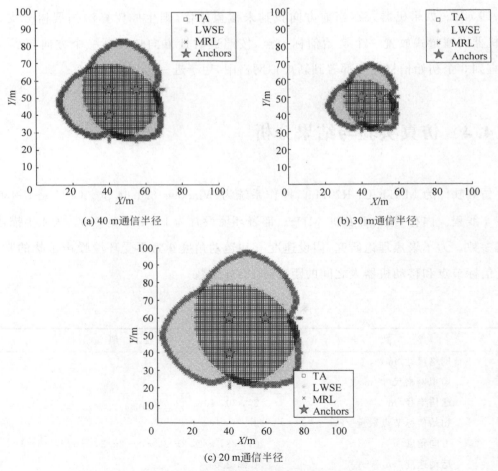

(a) 40 m通信半径　　　(b) 30 m通信半径

(c) 20 m通信半径

图 4.4　直角部署的 MRL 定位算法图示

图 4.4 的星号区域显示了 LWSE 算法的可定位区域。当选择的邻近信标节点数量为 2 时,TA 算法无法实现移动机器人定位,然而,LWSE 算法却能够实现移动机器人的自主动态定位。图 4.4(a)显示了 LWSE 算法的可定位区域在 $r=40$ m 时可以再延伸 20 m。最远可定位位置可以到达 X 轴的 0 m 和 Y 轴的 100 m,即部署区域的边界位置。并且,分别在底部和右侧有两条可定位的直线。直线是两个信标节点定位得到的单一点坐标。如果机器人和 2 个信标节点共线,则可以通过该信标节点确定是否存在单一点坐标。图 4.4(b)和图 4.4(c)显示了 LWSE 算法可以将可定位区域在 $r=30$ m 时扩展 15 m,在 $r=20$ m 时扩展 10 m。

图 4.4 的叉形区域显示了 MRL 算法的可定位区域。由于 MRL 算法实现了 TA 和 LWSE 算法的联合机制,MRL 算法的可定位区域是 TA 和 LWSE 算法的并集。首先,可定位区域是闭环曲线。由于 MRL 算法利用移动机器人的机动性和智能到达最大范围,TA 和 LWSE 算法的联合边界是闭环曲线。它是 TA 和 LWSE 算法最外层可定位区域的集合。其次,可定位区域是多层曲线。当移动机器人到达 TA 和 LWSE 算法可定位区域的最外层边界时,移动机器人不能实现定位。因此,移动机器人必须以相同速度 v 和运动角度 $\theta+\pi$ 返回前一位置。由于最大运动速度设置为 2.0 m/s,机器人从当前位置返回前一位置的最大距离为 2 m。因此,MRL 算法可定位区域的厚度为 2 m。然后,可定位区域由 2 个或者 3 个信标节点定位得到。只有 2 个或者 3 个信标节点能够定位移动机器人,MRL 算法总能到达最大范围。该算法可以极大地拓展移动机器人的活动区域,探索未知区域。图 4.4(b)和图 4.4(c)的可定位区域较小,但曲线形状相同。由于移动机器人的最大运动速度都是 2.0 m/s,因此可定位区域的厚度都是 2 m。

图 4.4(a)显示了三种定位算法的可定位区域。TA 算法仅能够定位图中的正方形区域,然而,LWSE 算法能够同时定位图中的正方形和星号区域。最终,MRL 算法能够定位到图中最外边界的叉形区域。并且,LWSE 算法在 TA 算法定位区域的基础上,增加了大约 60% 的可定位区域。

4.4.2　基于三角形和生成树的路径规划算法分析

为了评估 TST 算法的性能,MATLAB 软件仿真了 U 形室内环境,实现了 WSN 环境下的移动机器人自主动态定位和自动部署。信标节点的通信半径 r 分别是 40 m,30 m,20 m。并且,移动机器人可以按照两种恒定速度 v 运行在未知区域中,分别是 2.0 m/s 和 1.0 m/s。为了实现和三边测量算法的对比,提出了基于三边测量法的三角形和生成树(Trilateration and Spanning Tree Only Trilateration Algorithm,TST-Only-

TA)算法。该算法修改了式(4.21),过滤掉了 LWSE 算法,仅保留 TA 算法。因此,TST 算法运行在 3 种场景中,并与 TST-Only-TA 算法进行对比,实现该算法的性能分析。

图 4.5 描述了速度为 1.0 m/s 时 U 形环境中 TST 算法的 3 种场景。场景一是移动机器人的通信半径为 40 m,恒定速度为 1.0 m/s。图 4.5(a)和图 4.5(d)显示了 TST-Only-TA 和 TST 算法的性能。3 个初始信标节点标识为星形。移动机器人的轨迹标识为虚线。在轨迹的每个拐角都有一个信标节点,标识为方块,由机器人增量式部署。如果机器人探测到墙壁,则当作障碍物,标识为红色点。为了获得冗余网络覆盖和实现移动机器人定位,网络漏洞修复算法的路径用于在冗余漏洞质心部署信标节点,标识为虚线。在一个虚拟网格实现网络全覆盖的情况下,边界穿越算法实现移动机器人穿越虚拟网格边界,并在新的虚拟网格中部署 3 个初始信标节点,标识为虚线。因为 U 形环境提供了规则的形状,LWSE 算法在所有场景中展示了优越的实验结果。并且,TST 算法部署的信标节点之间的间距明显大于 TST-Only-TA 算法,从而使得 TST 算法部署的信标节点数量明显少于 TST-Only-TA 算法。尤其是在 $r = 20$ m 和 $v = 1.0$ m/s 的场景中,LWSE 算法表示了卓越的性能。图 4.5(f)显示了 LWSE 算法比 TA 算法具有更明显的三角形轨迹和更大的信标节点间距。其中,主要的轨迹是三角形树分支,显著地增加了 WSN 的网络覆盖率。图 4.5 第 3 行显示所有场景都实现了冗余网络全覆盖,表明区域任何地方都被至少 2 个信标节点覆盖。冗余网络覆盖可以实现移动机器人的自主动态定位。最小的网络覆盖率分散在区域的角落,展现了理想的 WSN 自动部署效果。图 4.5 最后一行显示了 TST 算法的网络连通图。所有的网络连接都是 LOS,表明信息可以成功在网络中传递,信标节点可以在没有 NLOS 干扰的情况下相互连通。由于机器人能够探测到障碍物,并保存在地图中,因此任何 NLOS 网络连接都能够智能过滤。

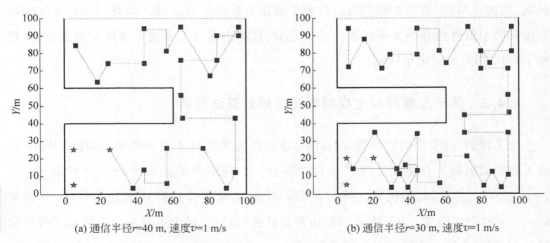

(a) 通信半径 $r=40$ m, 速度 $v=1$ m/s   (b) 通信半径 $r=30$ m, 速度 $v=1$ m/s

图 4.5   基于速度为 1 m/s 的 U 形环境的 TST 算法图示

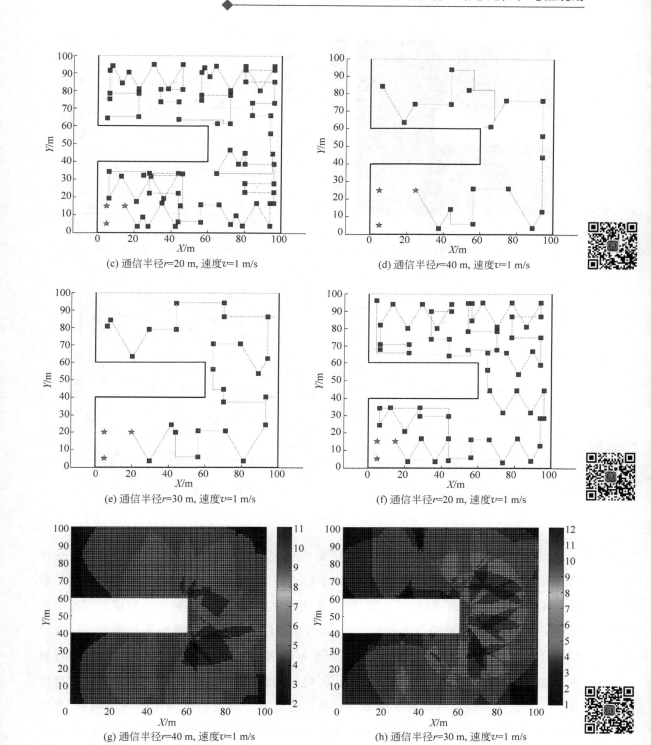

(c) 通信半径r=20 m, 速度υ=1 m/s

(d) 通信半径r=40 m, 速度υ=1 m/s

(e) 通信半径r=30 m, 速度υ=1 m/s

(f) 通信半径r=20 m, 速度υ=1 m/s

(g) 通信半径r=40 m, 速度υ=1 m/s

(h) 通信半径r=30 m, 速度υ=1 m/s

图 4.5 （续）

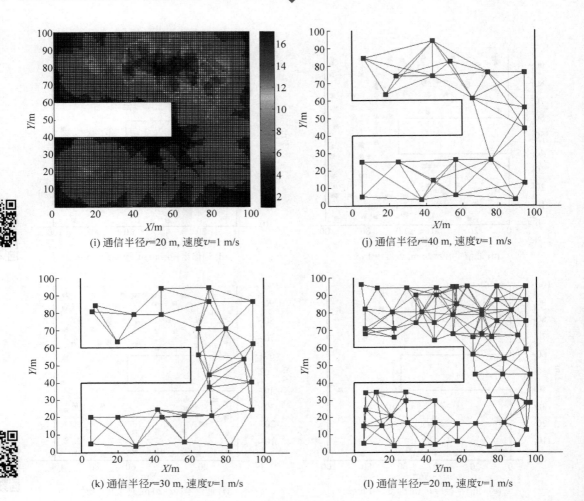

(i) 通信半径 r=20 m, 速度 v=1 m/s

(j) 通信半径 r=40 m, 速度 v=1 m/s

(k) 通信半径 r=30 m, 速度 v=1 m/s

(l) 通信半径 r=20 m, 速度 v=1 m/s

图 4.5 （续）

　　图 4.6 描述了速度为 2.0 m/s 时 U 形环境中 TST 算法的 3 种场景。场景一是移动机器人的通信半径为 40 m,恒定速度为 1.0 m/s。图 4.6(a)、图 4.6(d)、图 4.6(g)和图 4.6(h)显示了 TST-Only-TA 和 TST 算法的性能。其性能与图 4.5 对应的实验结果基本一致,表明在较大通信半径情况下,运行速度没有明显改变算法运行结果。随着通信半径由 40 m 减少到 30 m,速度变化因素对部署结果产生了一定影响。由于运行速度增加,造成机器人过快穿越探索区域,忽略了最佳部署位置,使得部署的节点数目增加。随着通信半径进一步减少到 20 m,速度变化对于部署结果的影响更加明显,表现为部署节点数目增加明显。实验结果表明,TST 算法的最佳性能出现在 r=30 m、v= 1 m/s 的 U 形环境中。

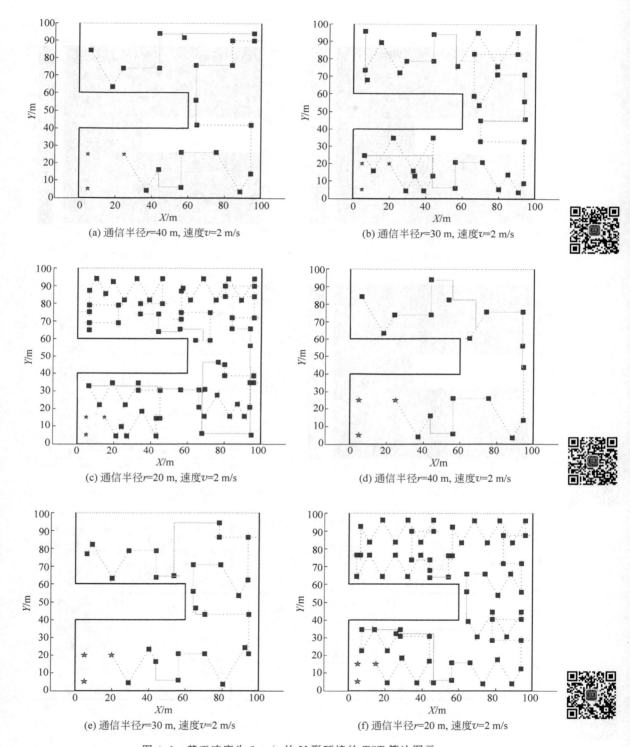

(a) 通信半径r=40 m, 速度υ=2 m/s

(b) 通信半径r=30 m, 速度υ=2 m/s

(c) 通信半径r=20 m, 速度υ=2 m/s

(d) 通信半径r=40 m, 速度υ=2 m/s

(e) 通信半径r=30 m, 速度υ=2 m/s

(f) 通信半径r=20 m, 速度υ=2 m/s

图 4.6　基于速度为 2 m/s 的 U 形环境的 TST 算法图示

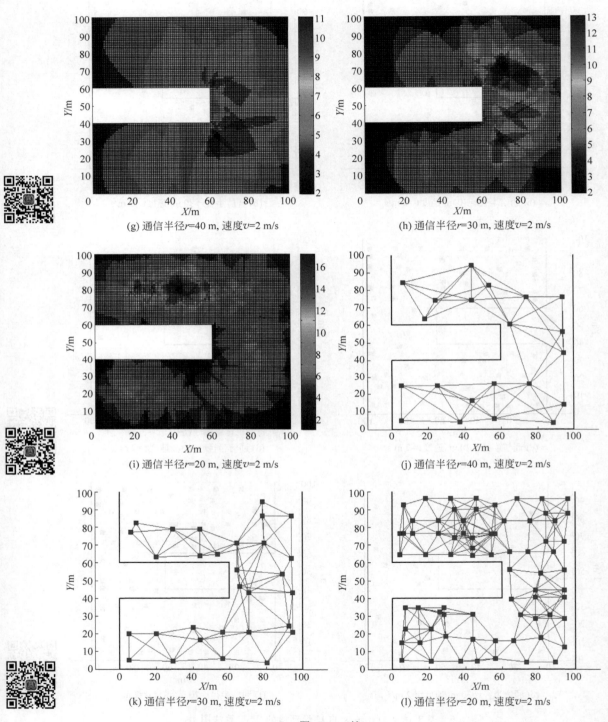

(g) 通信半径r=40 m, 速度υ=2 m/s

(h) 通信半径r=30 m, 速度υ=2 m/s

(i) 通信半径r=20 m, 速度υ=2 m/s

(j) 通信半径r=40 m, 速度υ=2 m/s

(k) 通信半径r=30 m, 速度υ=2 m/s

(l) 通信半径r=20 m, 速度υ=2 m/s

图 4.6 （续）

　　虚拟网格技术是一个主要的创新理论。该方法可以从三方面提升 TST 算法的性能。首先,由于探索区域为 100 m×100 m,虚拟网格为 50 m×50 m,计算复杂度能够显著下降。基于虚拟网格建立的地图为 n^2,$n=50$,更新地图的计算复杂度为 $O(n^2)$。否则,基于整个探索区域更新地图的计算复杂度为 $O(4n^2)$。因此,采用虚拟网格技术的计算复杂度减少到 1/4。并且,该方法能够保证机器人快速完成虚拟网格中未知区域的探索工作,收敛于单一位置。

4.5　本章小结

　　基于 WSN 的自主动态定位算法应用于未知室内环境的灾难救援系统,能够替代人进入危险和复杂的未知环境。基于移动机器人的机动性和智能性,TST 算法不仅能够实现在最少信标节点情况下的移动机器人自主动态定位,能够到达可定位区域的最大范围,并且基于地图和在线路径规划,能够过滤掉 NLOS 网络连接,成功实现避障。为了改进 WSN 的网络覆盖率和连通性,提出了能够将三角形和生成树路径规划算法有机统一的联合机制,实现了移动机器人增量式部署信标节点的自动部署方法。该算法不仅能够使用最少信标节点实现冗余网络全覆盖,而且通过虚拟网格技术改进了算法效率。仿真实验结果表明,对于解决未知环境探索和冗余网络全覆盖问题,提出的 TST 算法比三边测量算法具有更好的性能。

第5章

基于公垂线中点质心的
移动机器人动态定位

在室内多视角摄像机系统中,基于预先确定性部署的多视角摄像机获取移动机器人的实时 3D 空间位置信息是一个具有挑战性的任务。本章的主要贡献可以总结如下:首先,针对多视角摄像机系统的联合标定和实时 3D 定位问题,提出了一种 3D 定位算法,能够实现多视角 2D 图像坐标信息的融合,获得实时 3D 空间坐标。该算法是计算机视觉领域移动目标 3D 定位的基础性解决方案。其次,提出的改进公垂线中点质心(Improved Common Perpendicular Centroid,ICPC)算法能够减少阴影检测产生的负面影响,改进定位精度。然后,联合标定算法用于同时获得多视角摄像机的内参和外参,实现了室内监控的有效部署。实验结果表明,该算法能够实现室内多视角监控下的可靠有效的精确实时定位,并降低计算复杂度。

该算法的创新性贡献体现在将现有的单目定位算法进行改进,克服了该算法误差大和数据融合能力弱的问题,提出了 ICPC 算法,实现多摄像机的目标检测和定位,并成功应用于移动机器人自主动态定位。针对目标定位的 3D 坐标总是处于实际坐标的下方的问题,提出的算法能够有效纠正定位偏差,改进定位精度。

5.1 基于摄像机网络的多摄像机联合标定算法

图 5.1 描述了多视角摄像机系统的 3D 定位算法流程图。为了实现实时 3D 定位,必须首先完成目标检测和摄像机标定。移动机器人的 3D 空间坐标通过多视角 2D 图

像坐标数据融合以及成像模型确定。联合标定算法通过参考特征点的坐标获取多视角摄像机的成像模型。参考特征点坐标包括 3D 世界坐标和 2D 图像坐标。2D 图像坐标通过 Harris 角点检测算法获取。标定板的位置必须预先确定，可通过测量或者角点的 3D 世界坐标确定。针对 Harris 角点检测的图像边缘效应和邻近特征点问题，提出了图像边缘效应处理算法修复丢失角点，提出的邻近特征点中心点算法用于克服双峰现象。基于自适应背景混合模型（Adaptive Background Mixture Model，ABMM）算法用于获取目标检测的 2D 图像坐标，ICPC 数据融合算法用于定位移动机器人的 3D 空间位置。如图 5.1 所示的加粗方块显示了本章的创新点。

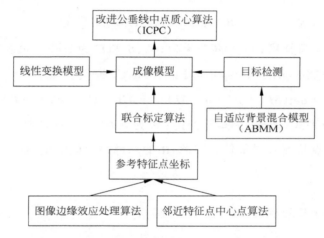

图 5.1 基于多视角摄像机系统的 3D 定位算法图示

5.1.1 Harris 角度检测和提取算法

1. Harris 数学模型

摄像机标定方法较多，应用较为广泛的是张正友等提出的标定板标定法。其中，标定板的主要作用是可以快速准确地确定图像中特定特征点的坐标信息。Harris 角点检测法因其在灰度变化方面表现优秀，在标定板特征点提取方面具有独特的优势，可以准确定位黑白格交点坐标，计算效率相对较高。Harris 角点检测的理论基础由如下灰度变化趋势描述：

$$E_{x,y} = \sum W_{u,v}[I_{x+u,y+v} - I_{x,y}]^2 = \sum_{u,v} W_{u,v}[uX + vY + o(u^2 + v^2)]^2 \quad (5.1)$$

其中，$E_{x,y}$ 表示图像窗口从图像坐标 (x,y) 向任意方向移动 (u,v) 之后的灰度变化情况；$W_{u,v}$ 表示高斯平滑滤波窗口；$I_{x,y}$ 表示该点的灰度值；X 和 Y 为一阶梯度。

假设位移距离非常小,则式(5.1)可近似表示为:

$$E_{x,y} \cong [x,y]M[x,y]^T \qquad (5.2)$$

其中,M 为 2×2 矩阵:

$$M = \sum_{u,v} W_{u,v} \begin{bmatrix} X^2 & XY \\ XY & Y^2 \end{bmatrix} = G \otimes \begin{bmatrix} X^2 & XY \\ XY & Y^2 \end{bmatrix} = \begin{bmatrix} A & C \\ C & B \end{bmatrix} \qquad (5.3)$$

$$\begin{cases} X = I_{x,y} \otimes [1 \quad 0 \quad -1] \\ Y = I_{x,y} \otimes [1 \quad 0 \quad -1]^T \end{cases} \qquad (5.4)$$

$$G = \exp[-(u^2 + v^2)/2\sigma^2] \qquad (5.5)$$

$$A = X^2 \otimes G, \quad B = Y^2 \otimes G, \quad C = XY \otimes G \qquad (5.6)$$

其中,X^2 和 Y^2 为二阶梯度;G 为高斯模板;A、B 和 C 为矩阵给元素卷积后的结果。

则角点响应函数(Corner Response Function,CRF)为:

$$R = \det(M) - k(\text{trace}(M))^2 = AB - C^2 - k(A+B)^2 \qquad (5.7)$$

其中,det 为矩阵行列式;trace 为矩阵的迹;k 为 $0.04 \sim 0.06$ 的常数,经过多次实验显示,k 取 0.04 时角点检测效果最佳。因此,R 的局部最大值的坐标就是标定板的黑白格交点。

2. 图像边缘效应处理算法

CRF 获得的矩阵涵盖了图像灰度变化的全部特征,包括平坦区域、边缘区域和角点区域。其中,角点区域的定位较为复杂,首先采用 5×5 的搜索窗,以 1 像素的步长遍历整幅图像,寻找小尺度局部最大值。然后通过测定阈值确定最终角点位置。遍历搜索窗,获得小尺度局部最大值矩阵的过程如下:

$$\widetilde{M}_{i,j} = \sum_{i=3}^{\text{row}} \sum_{j=3}^{\text{col}} \max \left(\begin{bmatrix} \widetilde{R}_{i-2,j-2} & \cdots & \widetilde{R}_{i-2,j+2} \\ \vdots & \widetilde{R}_{i,j} & \vdots \\ \widetilde{R}_{i+2,j-2} & \cdots & \widetilde{R}_{i+2,j+2} \end{bmatrix} \right) \qquad (5.8)$$

其中,row 和 col 分别是图像的长和宽;$\widetilde{M}_{i,j}$ 是以搜索窗为边界的数据集;$\widetilde{R}_{i,j}$ 是以第 i 行第 j 列作为中心。

小尺度局部最大值矩阵的搜索结果如图 5.2 所示。在数据修复之前,十字标识表示的检测角点都远离图像边缘,因为矩阵边缘区域存在大量 0 值信息。结合式(5.8)可知,第 1、2 行和第 1、2 列均为 0 值数据。对于处在图像边缘的角点位置数据几乎全部丢失,必须进行恢复。

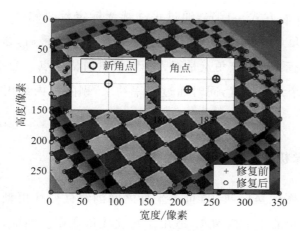

图 5.2　小尺度局部最大值矩阵的搜索图示

因此,专门针对矩阵边缘数据修复,提出了邻近覆盖原则。该方法判断矩阵第 1 行和第 2 行各单元的 CRF 数据是否为 0,如果成立,则使用第 3 行相应单元数据进行覆盖。同理可得其他各边缘的邻近覆盖方法。最终确定的小尺度最大值矩阵需要进一步处理,寻找黑白格交点的准确位置。如图 5.2 所示,经过反复实验得出,当 CRF 数据大于特定阈值时,可以从更大尺度范围内提取出所有局部峰值信息,即标定板上角点的位置。

3. 邻近特征点的中心点法则

图 5.2 显示的摄像机拍摄的图像中,图像放大区域描述了邻近特征点场景,经常出现角点提取错误现象。十字表示正确提取的角点位置,角点之间的距离小于 5 像素。由于标定板的角点之间的实际世界坐标距离为 10 cm,因此体现在图像的角点之间的实际距离远远大于 5 像素。

为了消除邻近特征点现象,提出了阈值检测方法,用于判断邻近角度之间的距离。如果小于阈值,则计算中心点作为邻近特征点合并之后的新角点,新角点的计算公式为 $P_{center} = mean(P_1, P_2)$,$P_1$ 和 P_2 表示邻近特征点 2D 图像坐标。

4. 标定板角点提取和自动筛选

由于 Harris 角点提取算法的精度较高,围绕着标定板四周会产生大量角点信息,因此需要通过算法自动进行筛选。根据标定板黑白格相对位置特征,采用两点间的斜率公式剔除斜率在特定阈值之外的所有角点,确保标定板黑白格交点可以通过该算法筛选出来。由于摄像机的畸变现象,斜率需要控制在有效范围之内,因此需要采用手动选取和自动筛选相结合的方式。首先,通过手动选择标定板两侧 2×9 个角点位置。然后,同时计算内部各角点分别与两侧角点之间的斜率信息。最后,通过比较两个斜率值与设定阈值之间的关系,确定该角点是否为标定板黑白格交点。为了防止边界效应,选取标定板内部 9×9 个角点位置,同时通过斜率约束,剔除掉内部用于标识方位信息的标识物角点信息。

5.1.2　多摄像机联合标定的线性模型

成像模型是 2D 图像坐标和 3D 世界坐标之间的线性变换模型。多摄像机标定的实验平台采用 $40°$ 夹角的 4 个摄像机,适用于小孔成像原则。因此,线性模型能够用于坐标系之间的线性变换。

假设内外参数整合的投影矩阵为 $\boldsymbol{M}^\tau$,$\tau = 1, 2, \cdots, 4$ 表示第 τ 个摄像机,则多摄像机之间的图像坐标系和世界坐标系之间的关系如式(5.9)所述:

$$Z_{ci}^\tau \begin{bmatrix} u_i^\tau \\ v_i^\tau \\ 1 \end{bmatrix} = \begin{bmatrix} m_{11}^\tau & m_{12}^\tau & m_{13}^\tau & m_{14}^\tau \\ m_{21}^\tau & m_{22}^\tau & m_{23}^\tau & m_{24}^\tau \\ m_{31}^\tau & m_{32}^\tau & m_{33}^\tau & 1 \end{bmatrix} \begin{bmatrix} X_{wi} \\ Y_{wi} \\ Z_{wi} \\ 1 \end{bmatrix} \tag{5.9}$$

其中,$(u_i^\tau, v_i^\tau, 1)$ 为第 i 个特征点的图像坐标的齐次向量;Z_{ci}^τ 为该特征点在以第 τ 台摄像机的摄像机坐标系中的 Z 轴坐标,$(X_{wi}, Y_{wi}, Z_{wi}, 1)$ 为该特征点的实际坐标系的齐次向量。将式(5.9)展开,将前两个算式分别除最后一个算式,可以消去 Z_{ci}^τ,并整理得到如下方程组:

$$\begin{cases} X_{wi}m_{11}^\tau + Y_{wi}m_{12}^\tau + Z_{wi}m_{13}^\tau + m_{14}^\tau - u_i^\tau X_{wi}m_{31}^\tau - u_i^\tau Y_{wi}m_{32}^\tau - u_i^\tau Z_{wi}m_{33}^\tau = u_i^\tau m_{34}^\tau \\ X_{wi}m_{21}^\tau + Y_{wi}m_{22}^\tau + Z_{wi}m_{23}^\tau + m_{24}^\tau - v_i^\tau X_{wi}m_{31}^\tau - v_i^\tau Y_{wi}m_{32}^\tau - v_i^\tau Z_{wi}m_{33}^\tau = v_i^\tau m_{34}^\tau \end{cases}$$
$$\tag{5.10}$$

假设 $m_{34}^\tau = 1$,不会影响式(5.10)的结果,则式(5.10)变为第 i 个特征点的图像坐标和世界坐标关于 $\boldsymbol{M}^\tau$ 矩阵元素的映射。其中,$\boldsymbol{M}^\tau$ 矩阵的未知元素为 11。得到如下算式:

$$\boldsymbol{K}^\tau \boldsymbol{M}^\tau = \boldsymbol{U}^\tau \tag{5.11}$$

其中,$\boldsymbol{K}^\tau$ 为由式(5.10)中等号左侧数量为 n 的图像坐标和世界坐标组成的 $2n \times 11$ 维矩阵,$\boldsymbol{U}^\tau$ 为由等号右侧图像坐标组成的 $2n$ 维矩阵。如果 $\boldsymbol{K}^\tau$ 矩阵的秩为 $\mathrm{rank}(\boldsymbol{K}^\tau) = 11$,则可以通过极大似然法求解。

$$\boldsymbol{M}^\tau = ((\boldsymbol{K}^\tau)^{\mathrm{T}}(\boldsymbol{K}^\tau))^{-1}(\boldsymbol{K}^\tau)^{\mathrm{T}}\boldsymbol{U}^\tau \tag{5.12}$$

5.1.3　非奇异标定板部署

5.1.2 节的线性模型的特点是平移不变性和旋转不变性,造成 K^{τ} 矩阵无法达到满秩,表现为 $\mathrm{rank}(K^{\tau}) < 11$,从而使得极大似然法无法得到唯一解,造成标定失败。

然而,当标定板部署在不同高度时,K^{τ} 矩阵的第 3 列和第 7 列由于融合了两组数值,产生了线性无关特征,即 $\mathrm{rank}(K^{\tau})=11$。矩阵 K^{τ} 存在非奇异现象,从而证明式(5.12)有唯一解。

针对 K^{τ} 矩阵的线性相关特征,提出了双水平标定板部署方法,分别在距离地面 27 mm 和 130 mm 高的位置水平放置标定板。由于 4 台摄像机处于同一高度,对地面的监控面积相同,因此在标定阶段,预先调整 4 台摄像机的观测角度,同时对同一标定板进行特征点提取,从而实现 4 台摄像机同时完成标定算法的效果,即提出的联合标定方法。

5.2　基于改进公垂线中点质心的移动机器人动态定位算法

针对室内自然光环境,提出了被动目标的 3D 定位算法。机器人不携带任何协助定位的无线传感器节点,实现室内实时定位。在室内自然光条件下,通过图像前景分割提取目标预先部署的多视角摄像机的 2D 图像坐标,再使用 ICPC 算法实现世界坐标系中的实时 3D 目标定位。

5.2.1　自适应背景混合模型

背景差分数学模型用于检测移动机器人在图像坐标系中的位置信息。首先,建立 3 个高斯模型描述监控区域的背景模型和前景模型。其次,提取前 40 帧图像用于背景模型训练。最后,设置背景模型的阈值为 0.7。该阈值对于室内环境的大多数噪声具有稳健性特点。

为了训练背景模型,40 帧没有前景目标的图像数据用于建立数学模型。然后,通过随后产生的视频图像帧更新背景模型。在任一时刻 N,像素 x_N 的数学模型如下:

$$p(x_N) = \sum_{j=1}^{K} w_j \eta(x_N; \theta_j) \tag{5.13}$$

$$\eta(x_N;\theta_j) = \eta\left(x_N;\mu_j,\sum_j\right)$$

$$= \frac{1}{(2\pi)^{\frac{D}{2}}\left|\sum_j\right|^{\frac{1}{3}}} e^{-\frac{1}{2}(x-\mu_j)^T \sum_j^{-1}(x-\mu_j)} \tag{5.14}$$

其中,w_j 是第 j 个高斯模型的权值,$j=1,2,\cdots,K,K=3$;$\eta(x_N;\theta_j)$ 是第 j 个高斯模型的正态分布;μ_j 是第 j 个高斯模型的均值;$\sum_j=\sigma_j^2$ 是第 j 个高斯模型的方差;σ 是第 j 个高斯模型的标准协方差。

该背景差分算法的计算复杂度为 $O(\text{row}\times\text{col}\times K)$。并且,由于前景的显著特征明显区别于背景模型,因此一旦出现前景目标,该算法能够快速收敛到背景模型中的显著区域,获取目标位置信息。

ABMM 的定位结果如图 5.3(a)所示,使用最小矩形方法定位白色区域位置,最后得到如图 5.3(b)所示的定位结果。

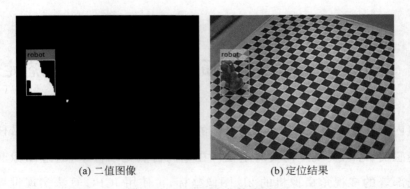

(a) 二值图像   (b) 定位结果

图 5.3　ABMM 定位算法图示

5.2.2　公垂线中点质心 3D 定位算法

在多台监控摄像机的每个视角检测到的 2D 图像坐标是移动机器人定位最重要的依据。实验平台如图 5.4 所示,摄像机到机器人的射线为穿越节点光心和图像的特征点的连线。由于环境噪声影响,两条射线无法交于一点。加粗实线为空间两直线的公垂线。十字星为公垂线中点。实验平台中任意两条射线都可以确定唯一的公垂线中点。所有公垂线中点的质心就是机器人的估计位置。

设 2 台摄像机到机器人的射线方程如下:

$$l_1^\beta: \begin{cases} a_1^\beta X + a_2^\beta Y + a_3^\beta Z = a_4^\beta \\ b_1^\beta X + b_2^\beta Y + b_3^\beta Z = b_4^\beta \end{cases} \tag{5.15}$$

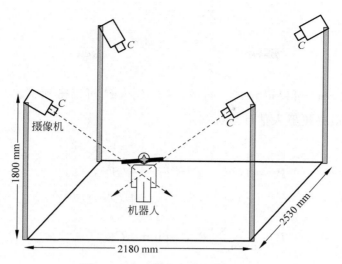

图 5.4　公垂线中点质心算法图示

$$l_2^\beta : \begin{cases} c_1^\beta X + c_2^\beta Y + c_3^\beta Z = c_4^\beta \\ d_1^\beta X + d_2^\beta Y + d_3^\beta Z = d_4^\beta \end{cases} \tag{5.16}$$

其中，$a_i^\beta, b_i^\beta, c_i^\beta, d_i^\beta, (i=1,2,\cdots,4)$ 由摄像机标定的参数确定；$\beta = 1,2,\cdots, C_{\mathrm{Obj}}^2$ 是第 β 对射线排列组合。射线的数量为 Obj，表示有 Obj 台摄像机成功检测到机器人。

设直线 l_i^β 的方向向量为 $\boldsymbol{r}_i^\beta = (A_i^\beta, B_i^\beta, C_i^\beta), i=1,2$，则有如下算式：

$$\begin{cases} \boldsymbol{r}_1^\beta = (a_1^\beta, a_2^\beta, a_3^\beta) \times (b_1^\beta, b_2^\beta, b_3^\beta) \\ \boldsymbol{r}_2^\beta = (c_1^\beta, c_2^\beta, c_3^\beta) \times (d_1^\beta, d_2^\beta, d_3^\beta) \end{cases} \tag{5.17}$$

设直线 l_i^β 与地面的交点为 $(x_i^\beta, y_i^\beta, z_i^\beta)$，由 $z_i^\beta = 0$ 和式(5.15)、式(5.16)可以确定唯一坐标，则直线 l_i^β 的对称式如下：

$$l_i^\beta : \frac{X - x_i^\beta}{A_i^\beta} = \frac{Y - y_i^\beta}{B_i^\beta} = \frac{Z - z_i^\beta}{C_i^\beta} \tag{5.18}$$

则直线 l_i^β 的公垂线方向向量为：

$$\boldsymbol{e}^\beta = (A_1^\beta, B_1^\beta, C_1^\beta) \times (A_2^\beta, B_2^\beta, C_2^\beta) = (e_1^\beta, e_2^\beta, e_3^\beta) \tag{5.19}$$

设平行于公垂线方向，并过直线 l_i^β 的平面为 $\boldsymbol{\pi}_i^\beta, i=1,2$，如下所示：

$$\boldsymbol{\pi}_i^\beta : \det \left(\begin{bmatrix} X - x_i^\beta & Y - y_i^\beta & Z - z_i^\beta \\ A_i^\beta & B_i^\beta & C_i^\beta \\ e_1^\beta & e_2^\beta & e_3^\beta \end{bmatrix} \right) = 0 \tag{5.20}$$

设直线 l_i^β 的参数化形式如下：

$$\begin{cases} X = x_i^\beta + A_i^\beta t_i^\beta \\ Y = y_i^\beta + B_i^\beta t_i^\beta \\ Z = z_i^\beta + C_i^\beta t_i^\beta \end{cases} \tag{5.21}$$

将直线 l_1^β 代入 $\boldsymbol{\pi}_2^\beta$ 可以得到 t_1^β。同理，将 l_2^β 代入 $\boldsymbol{\pi}_1^\beta$ 可以得到 t_2^β。
则公垂线中点和最终机器人估计坐标如下：

$$\widetilde{\boldsymbol{P}}^\beta = \begin{bmatrix} (x_1^\beta + A_1^\beta t_1^\beta + x_2^\beta + A_2^\beta t_2^\beta)/2 \\ (y_1^\beta + B_1^\beta t_1^\beta + y_2^\beta + B_2^\beta t_2^\beta)/2 \\ (z_1^\beta + C_1^\beta t_1^\beta + z_2^\beta + C_2^\beta t_2^\beta)/2 \end{bmatrix} \tag{5.22}$$

$$\hat{\boldsymbol{P}} = \frac{1}{\text{num}} \sum_{\beta=1}^{\text{num}} \widetilde{\boldsymbol{P}}^\beta, \quad \text{num} = C_{\text{Obj}}^2 \tag{5.23}$$

5.2.3　改进公垂线中点质心 3D 定位算法

经过实验验证，CPC 算法的估计位置往往处于机器人真实坐标的下方。因此，提出
以 CPC 算法估计坐标为参考点，筛选出参考点平面以上的所有公垂线中点，重新定位
质心，如下所示：

$$\hat{\hat{\boldsymbol{P}}} = \frac{1}{\text{card}(\boldsymbol{S}) + 1} \left(\sum_{j=1}^{\text{card}(S)} \widetilde{\boldsymbol{P}}^{s_j} + \hat{\boldsymbol{P}} \right), \quad \boldsymbol{S} = \{\beta \mid \beta \in (\widetilde{\boldsymbol{Z}}^\beta > \hat{\boldsymbol{Z}})\} \tag{5.24}$$

其中，$\widetilde{\boldsymbol{Z}}^\beta$ 为第 β 个公垂线中点 $\widetilde{\boldsymbol{P}}^\beta$ 的 Z 轴坐标；$\hat{\boldsymbol{Z}}$ 为 CPC 算法估计位置的 Z 轴坐标；
card(·) 表示集合 $\boldsymbol{S}$ 的元素数量。

5.2.4　实验结果分析

在室内环境中预先部署和调整 4 台 CCD 摄像机的位置和方向。摄像机的焦距和
感光面积和 8 mm 和 1/3。视频卡型号为 9508AV，视频压缩算法为 H.264。视频帧率
和分辨率分别为 25 fps 和 352×288 像素。实验的目标是评估摄像机标定和定位的精
度。机器人放置在预定位置。首先，捕获 4 台摄像机的前 40 帧背景图像。其次，机器
人放置在预定位置，并被多摄像机拍摄图像。最后，提出的算法估计机器人的世界坐标
位置。

摄像机标定是多摄像机 3D 定位的基础性工作。首先，标定板平行放置在监控区域
中心，并被 4 台摄像机捕获图像。为了克服投影矩阵 $\boldsymbol{M}^\tau$ 的非奇异问题，标定板的高度
为 27 cm 和 130 cm。图 5.5 和图 5.6 分别描述了 4 台摄像机检测到高度为 27 cm 和
130 cm 两个标定板的角点 2D 坐标。由于摄像机的位置和方向事先确定，因此检测的

角点总是定位在 4 个视角的中心,并且覆盖整个图像区域。一些角点接近图像边缘。由于图像边缘效应处理算法,图像边缘的角点能够精确定位。由于邻近特征点中心点原则,冗余角点能够成功消除。所有角点能够整齐地排列成规则的 9×9 矩阵。

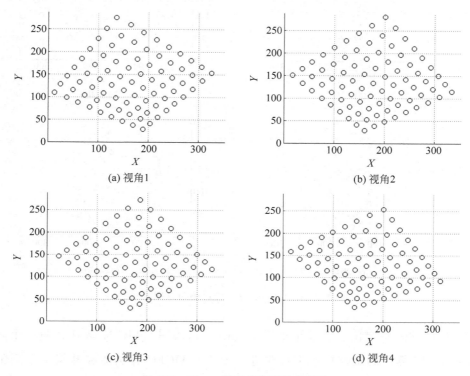

图 5.5　27 cm 标定板检测角点图示

该研究首先提出了 ABMM 检测图像目标位置,再使用 CPC 算法融合多视角 2D 图像坐标得到 3D 世界坐标,根据机器人的质心,提出了定位机器人质心的 CACPC(Centroid ABMM CPC)算法。在 CACPC 算法的基础上,提出了 ICPC 算法进行定位精度改进,并根据机器人身体部位的不同,提出了定位机器人质心的 CAICPC(Centroid AICPC)算法。

为了与现有经典算法进行比较,基于主轴跟踪(Principal Axis-based Tracking, PAT)算法用于该实验平台。该算法是计算机视觉的高精度算法,得到了广泛应用。由于提出的算法与 PAT 算法具有相似的实验环境,因此 PAT 算法能够在本实验平台中成功运行。由于本实验的机器人具有几何对称性,边界框的底部中点可以视为机器人在一个视角中的定位坐标。

定位误差结果如图 5.7 所示。CACPC 和 CAICPC 算法的定位误差较小。通过计算误差均值可以确定提出的 CAICPC 算法具有最佳的定位精度,达到 44.66 mm。

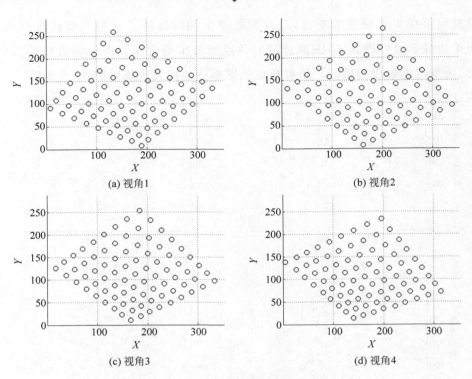

图 5.6 130 cm 标定板检测角点图示

CAICPC 算法的一些定位误差甚至小于 10 mm。这表明 CAICPC 算法在每一个采样点上都对 CACPC 算法的定位精度进行改进。由于 CAICPC 算法能够补偿由于阴影检测产生的误差，CAICPC 算法的估计 3D 空间位置高于 CACPC 算法，因此，CAICPC 算法的定位误差小于 CACPC 算法。整体的平均误差改进了 1 cm。因为 PAT 算法不能有效克服阴影检测产生的负面影响，定位误差远远大于其他算法，所以 PAT 算法的性能无法与该算法竞争。

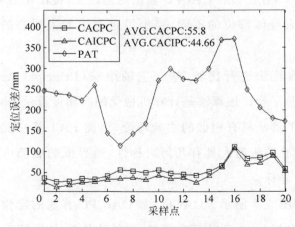

图 5.7 定位算法误差分布图示

误差累积分布效果如图 5.8 所示。CACPC 和 CAICPC 算法能够将误差控制在
10 cm 之内。这表明机器人的质心位置比脚部位置具有更强的稳健性。机器人脚部位置
的定位结果最差,因为实验环境中阴影检测的负面影响非常严重。CAICPC 算法获得了最
佳定位结果,能够成功克服阴影检测的负面影响,提供机器人的实时 3D 空间坐标。其他
算法的定位误差相对较大。最差的结果来自 PAT 算法,定位误差远远大于其他算法。

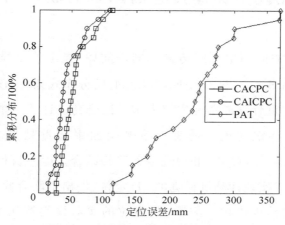

图 5.8　定位算法误差累积分布图示

机器人的移动轨迹和各算法的定位效果如图 5.9 所示。其中,实际路径为机器人
质心位置的实际世界坐标系轨迹。可见,各算法都能够符合该轨迹的变化趋势,尤其是
CAICPC 算法的估计位置甚至经常处于真实位置上方,极大地修正了定位误差,成为最
佳定位算法。

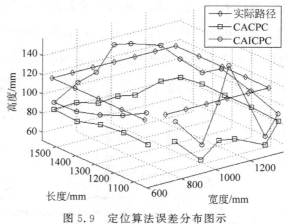

图 5.9　定位算法误差分布图示

图 5.9 中的定位结果表明提出的 CACPC 算法的 3D 定位坐标总是处于实际路径
的下方,这是由于多摄像机的部署位置处于室内环境顶部的 4 个角落,在俯视的情况下

多摄像机的 2D 坐标融合时存在偏差。但是,通过提出的 CAICPC 算法进行误差纠正之后,所有定位结果都明显高于 CACPC 算法的 3D 坐标,甚至部分定位结果高于实际路径,表明 CAICPC 算法具有较好的定位精度。

5.3　基于无线多媒体传感器网络的联合同步机制

针对实时视频监控应用中无线传输的同步问题,提出了无线多媒体传感器网络(Wireless Multimedia Sensor Networks,WMSN)的分布式架构,该架构能够同步获取多视角关键帧,并符合低计算成本和内存需求。该研究设计了一个较好的分布式计算策略,将任务分发到特定智能传感器。该架构的主要贡献是将无线传感器网络(Wireless Sensor Network,WSN)和视觉传感器相结合。检测目标的图像坐标封装到无线数据传输中。为了实现计算机视觉的 3D 定位,提出了联合同步机制,实现多视角关键帧同步和数据包异步传输。基于 3D 定位的实时聚类算法实现接收数据分组。5.3.4 节展示的实验结果显示,该架构能够实现可靠高效的室内监控。

5.3.1　分布式计算系统架构

图 5.10 描述了 WMSN 架构构成的网状网络。8 个视觉传感器部署在 2 个房间中,包括 PIXY 视觉传感器、Arduino UNO 和 XBee S2 无线传感器,建立起 WSN 分布式架构。协调器直接连接 PC,通过串口交互数据。所有摄像机面向房间中心。视觉传感器的重叠区域能够因此扩大。每个房间的面积为 3.5 m×5 m,在房间的中心区域有 1.5 m×1.5 m 的区域被 4 台摄像机交叉覆盖。房间的其他区域被少于 4 台摄像机覆盖。

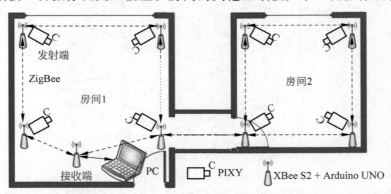

图 5.10　WMSN 中的网状网络图示

检测目标的实时定位是一项艰巨的任务,需要实现多视角同步获取 2D 图像坐标。多视角视觉传感器获取 2D 坐标的时间间隔需要控制在毫秒级。Pham 等提出的方法无法实现该目标,因为它需要无线传输压缩图片,一个传感器需要排除其他传感器才能在一段时间内完成视频传输。图 5.11 描述了分布式计算方法。PIXY 实现目标检测。API(Application Programming Interface)包封装检测目标的 2D 图像坐标,大小控制在几字节。因此,Arduino UNO 能够完成将检测目标的 2D 坐标实时封装到 API 包。XBee S2 负责 API 包的分析和传输。PC 端软件负责 API 解包,执行实时 3D 公垂线中点质心(Common Perpendicular Centroid,CPC)定位算法和多摄像机标定。

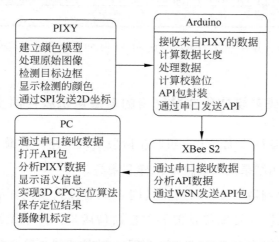

图 5.11　智能传感器和 PC 之间分布式计算方法图示

5.3.2　API 包封装算法

通过参数设定,XBee S2 传感器能够工作在 AT(Application Transparent)或者 API 操作模式下。在 AT 模式下,当模块接收无线电频率(Radio Frequency,RF)数据时,数据通过串口发送。API 模式是 AT 模式的替代技术,数据通过 API 包发送。API 确定指令类型、指令响应和模块状态信息,使用串口在模块间传输。

AT 模式的缺点是容易受到来自 Multi-channel Packet Analyser 软件等的安全攻击。图 5.12 描述了 AT 模式下的包列表。图 5.12 显示了前 5 帧,AT 包的数据源地址为 0x3D6A 和 0x5EB1,在 0.56 s 内到达协调器。包之间的最大时间间隔为 0.36 s。包长度仅有几字节。然而,包内容为检测目标坐标,代替了压缩图像,表明该架构能够实现多视角视觉传感器的实时数据融合。然后,API 模式对于 WSN 路由协议是安全模式,保证在安全攻击中的连通。

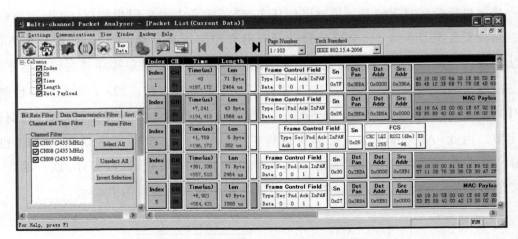

图 5.12   Multi-channel Packet Analyser 软件包列表图示

5.3.3   面向无线多媒体传感器网络的多摄像机联合同步算法

联合同步机制包括两方面：①在粗同步阶段实现网络中传感器之间的同步；②在联合同步阶段实现检测结果的实时同步采样和聚类。

在粗同步阶段，协调器以 5 s 周期发送同步单播包到预先部署的视觉传感器。与 Berger 等的广播包相比，包传输确认能够保证通信质量。由于无线通信广播机制的不稳定性，视觉传感器有时会自动重启。协调器的周期性同步信息能够确保所有视觉传感器实现时间戳同步。

在联合同步阶段，视觉传感器负责目标检测的采样时间同步和无线通信数据包的异步传输。PC 负责接收数据实时聚类分组。

由于 PIXY 和 Arduino 是独立智能传感器，当 Arduino 接收来自 PIXY 的检测结果时，得到的是本地随机时间。如果 Arduino 要以时间间隔 α 从 PIXY 检测发送的信息，需要 2σ 耐受时间。并且，为了保证每个采样，从 PIXY 获得一个发送信息，时间间隔从 θ 到 $\theta-1$，从 PIXY 获得成功检测信息，间隔时间必须大于 2σ。为了从 PIXY 获得检测结果，Arduino 采样时间戳描述如下：

$$T_{sa}(\theta)=T_{sy}, \quad T_{sy}-T_{sa}(\theta-1)>2\sigma \bigcap (T_{sa}\%\alpha<\sigma \bigcup |\alpha-T_{sy}\%\alpha|<\sigma)$$

$$(5.25)$$

其中，T_{sy} 是粗同步阶段的同步时间；θ 是从 PIXY 成功获取一个检测数据；$\sigma=5$ 是耐受时间；$\alpha=500$ 是 Arduino 的采样时间间隔，阈值 α 平衡传输包和无线通信能力；$|\cdot|$ 是绝对值符号。

所有视觉传感器实现同步。在广播模式下,视觉传感器同步向协调器发送数据包,会造成协调器端数据包丢失。因此,每个视觉传感器只允许每 1 s 发送一个数据包。这表明数据包内容包括时间间隔 α 的 $1000/\alpha$ 个检测关键帧数据。因此,每 1 s 来自一个视角的关键帧构成视频流,能够保证在时间间隔 α 的实时性。每个特定时间槽按照预定顺序分配给每个视觉传感器。每个视觉传感器只允许在自己的时间槽发送一个数据包。第 1 个视觉传感器的传输时间戳定义如下:

$$T_t(l) = T_{sa}(\theta) + r(\omega) + l \times \beta,$$
$$T_{sa}(\theta)\%(2 \times \alpha) \bigcup (|(2 \times \alpha) - T_{sy}(\theta)\%(2 \times \alpha)| < \sigma) \tag{5.26}$$

其中,$r(\omega)$ 是从 0 到 $\omega = 30$ 的随机数;$\beta = 50$ 是每个时间槽的跨度;l 的取值范围是 $1 \sim 4$,是一个房间中每个视觉传感器的标识。因此,2 个时间槽之间的间隔为 $\beta - \omega = 20$。根据该顺序,协调器端接收数据包的时间戳能够针对所有视觉传感器由小到大排列成序列。%是取模操作符。

在 PC 端,接收数据需要根据聚类算法进行实时分组。为了及时处理新接收的数据,数据聚类的分段长度定义为 $g = 20$。当新接收的数据累积到 $s = 10$ 时,一个新分段准备聚类。一个新分段的实时数据定义如下:

$$D_{rt}(i) = D(i+m), \quad i \in [1, g], \quad e(t) - e(t-1) = s, \quad m = e(t) - g \tag{5.27}$$

其中,D 是协调器端接收的数据;$m+1$ 是第 t 个分段中 D 的第 1 个下标;$e(t)$ 是第 t 个分段中 D 的最后一个下标。

当一个新分段准备聚类时,基于 Arduino 采样时间戳,BFSN 聚类算法用于将实时数据聚类到不同分组。通过式(5.28)获得聚类结构:

$$A = f_{\text{BFSN}}(f_{\text{SimiR}}(T_s(D_{rt})\%(10 \times \alpha)), \gamma, \lambda) \tag{5.28}$$

其中,f_{BFSN} 是 BFSN 聚类算法;f_{SimiR} 用于建立归一化相似矩阵;T_s 是实时数据的采样时间戳;协调器端的同步周期是 5 s,即 $10 \times \alpha$。在视觉传感器无法接收来自协调器的同步信息时,只要实时数据的采样时间戳是 $10 \times \alpha$ 的倍数,表示已经同步。$\gamma = 0.98$ 是近邻阈值,如果 $f_{\text{SimiR}}(a, b) > \gamma$,则 a 和 b 是近邻。$\lambda = 0.98$ 是聚类阈值,如果类 B 的元素数量是 num,则有一个新元素 c 需要分类。如果类 B 中多余百分之($\lambda \times 100$)的元素数量 num 是 c 的近邻,则 c 分类到类 B。

然而,BFSN 算法的聚类结果不服从空间和时间相关性。在应用场景中,空间相关性法则是不同房间接收的数据需要分类到不同组。时间相关性法则是不同时间周期接收的数据需要分到不同组,并且同一视觉传感器接收的数据不能出现在同一组。基于空间和时间相关性的时间聚类算法如下:

$$Gi_A(i)=j,\quad f(A(j)=i),j\in[1,sz(A)] \tag{5.29}$$

$$Gi_{id}=f(G_{rt}=id),id=id+1,$$

$$Gi_A(i)\neq Gi_A(i-1)\bigcup(vs(i+m)\in vs(Gi_{rt}(id))) \tag{5.30}$$

$$\boldsymbol{G}_\tau(ct_\tau)=[G_{rt}(i+m)D(i+m)],\quad vs(i+m)\in Ri_\tau$$

$$ct_\tau=ct_\tau+1 \tag{5.31}$$

其中,$Gi_A(i)$ 是通过 BFSN 算法获得 A 后确定第 i 个实时数据的类标识;$f()$ 返回满足条件表达式的下标;$sz()$ 返回矩阵尺寸;$Gi_{rt}(id)$ 是属于第 id 组的实时数据下标;$G_{rt}(i+m)=id$ 是数据 D 中第 i 个实时数据的组标识;vs 是实时数据 D 中的视觉传感器标识;Ri_τ 是第 τ 个房间的预定义向量 vs;$\boldsymbol{G}_\tau$ 是针对第 i 个实时数据的最终具有组标识和第 τ 个房间的聚类数据;ct_τ 是 $\boldsymbol{G}_\tau$ 的最后一个下标,ct_τ 根据实时聚类算法自增加,初始值为 $ct_\tau=1$。

根据时间相关性法则,如果第 i 个和第 $i-1$ 个实时数据的类标识不同,或者第 id 个分组的视觉传感器标识不包括第 i 个实时数据的视觉传感器标识,则组标识 id 自增 1。否则,id 保持不变。基于空间相关性法则,如果第 i 个实时数据的视觉传感器标识属于第 τ 个房间的 Ri_τ,则分组需要进一步分割。最终,每个聚类分组包括特定房间的一个或者多个不同视角的数据。

时间差均值是一个评估同步性能的关键指标。针对计算机视觉的 3D 定位问题,每组采样时间戳之间的时间差均值应该尽可能小,定义如下:

$$t^\mu=\frac{\sum_{i=1}^{n>1}\sum_{j=i+1}^{n>1}\sum_{k=1}^{\delta}\sqrt{(T_s(\boldsymbol{G}_\tau(G_i(i)),k)-T_s(\boldsymbol{G}_\tau(G_i(j)),k))^2}}{\delta\times C_n^2},\quad \boldsymbol{G}_i=f(\boldsymbol{G}_\tau==id) \tag{5.32}$$

其中,n 是一个组中接收数据的数量,如果 $n=1$,则均值为 0;δ 是接收数据中的关键帧数量,由参数 α 确定;$\boldsymbol{G}_i$ 是属于第 id 组接收数据的下标。

5.3.4　实验数据分析

下面将 WMSN 架构与 Pham 等提出的方法进行对比。针对实时 3D 定位问题,采用 320×200 图像尺寸,分辨率为 640×400。由于 PIXY 需要 20 ms 实现目标检测,WMSN 架构在时间损耗方面比 Pham 等提出的方法快 2 倍。表 5.1 总结了处理时间和传输数据,描述了该架构的基本性能指标。由于仅传输检测目标的坐标,比 Pham 等提出的方法快 2 倍,Arduino 获得来自 PIXY 的采样数据时间戳比 Pham 等提出的方法更精确。表 5.1 前面 2 行描述了硬件方面的数量改进。表 5.1 的最后 3 行展示了软件方面的质量分析。为了最小化包尺寸,检测目标的 2D 图像坐标封装到包中,而不是压缩图像。来自多视角的同步聚类数据聚集到 PC 端,而不是任何时刻只有一个视角数据。并且,来自多视角的 1 s 内关键帧能够实现 3D 定位和跟踪,而不是仅来自一个视角的 1 s 内视频流。

表 5.1　处理时间和传输数据比较

系统架构	Pham 方法	笔者的方法
时钟周期数量	2 457 600	1 536 000
时间/ms	49.15	20
传输数据类型	图像	坐标
任意时刻视角	单视角	多视角
每秒传输数据	视频流	关键帧

为了评估该架构的实时性能,图 5.10 显示了实验系统的部署情况。协调器连接 PC 端,部署在房间 1。同一时间有 2 个对象,分别在 2 个房间运动。因此,8 个视觉传感器能够在同一时间将检测结果传输到协调器端。

与 Berger 等的描述相同,在粗同步阶段的时间间隔控制在几毫秒。在联合同步阶段,图 5.13 显示了协调器端视觉传感器接收的数据,每个分组的时间差。图 5.13(a) 和图 5.13(b) 显示了每个分组的时间差均值。图 5.13(c) 展示了大于 0 的 t^μ 的累积分布。

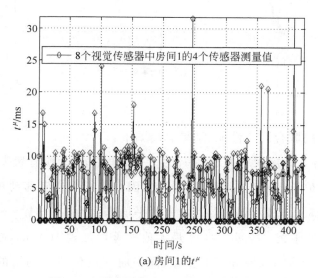

(a) 房间1的t^μ

图 5.13　联合同步的 2 个房间测量值图示

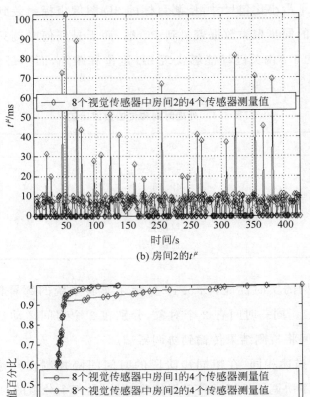

(b) 房间2的t^μ

(c) t^μ的累积分布

图 5.13 （续）

对比 2 个房间的联合同步性能,结果总结如下:

(1) 均值精度:2 个房间中大于 90% 的 t^μ 小于 12 ms。所有聚类分组的所有 t^μ 均值大约为 10 ms。对于 3D 定位问题可以接受,因为像行人或者移动机器人的任何目标在短时期内只能运动很短距离。例如,成人的平均速度为 1.1~1.5 m/s。

(2) 距离产生的干扰:房间 2 的 t^μ 最大值显著增加到 100 ms,由于视觉传感器和协调器之间的距离增加了,与房间 1 相比,同一时间内传感器网络的不确定性也增加了。网络干扰造成数据包丢失和传输延迟,增加了联合同步的成本。

图 5.14 详细描述了在房间 2 中,当 $t''=102.5$ 时,由于距离产生的干扰,分组标识为 $G_{rt}=53$,列举了 α 和 2α 的采样时间戳。视觉传感器标识 $vs=23$ 表示房间 2 的第 3 个视觉传感器。T_s 是实时数据的采样时间戳。成熟数据是式(5.28)中 $T_s\%(10\times\alpha)$ 的余数。它描述了在粗同步阶段中,对于 $vs=23$,T_s 从 4794 到 482 的剧烈变化。然而,当 $vs=23$ 和 $vs=24$ 时,4794 和 4994 之间的 t'' 是 200。原因是联合同步的成本根据协调器和视觉传感器之间距离的增加而增加。解决方案分为两步。首先,为了在其他条件不变的情况下优化同步结果,协调器的位置调整到监控区域中最重要的房间。其次,阈值 4σ 用于消除任何失败的聚类分组,规则是 $t''>4\sigma$。

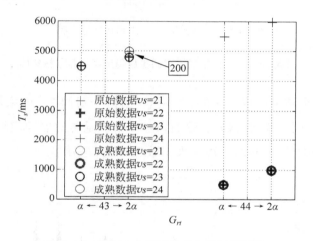

图 5.14　房间 2 由于距离产生的干扰图示

可能的稳定状态是:①完全同步网络;②包括未同步子节点和同步簇头的组合;③没有同步节点(一个节点没有同步近邻)。图 5.13(a)和图 5.13(b)显示了稳定状态。$t''>0$ 和 $t''\leqslant 4\sigma$ 表示首个状态,来自多视角的关键帧时间戳同步,并很好地聚类分组。$t''=0$ 表示第二状态,分组中仅有一个节点,并且该节点是簇头。因为 WMSN 的自组织性,任何节点都可能成为簇头。$t''>4\sigma$ 表示第三状态,分组中的聚类数据没有同步。

图 5.15 描述了不同网络规模的稳定同步状态。在首个聚类列,仅有 4 个视觉传感器和协调器通信。如果视觉传感器部署在房间 1(R1),则视觉传感器和协调器之间的距离很短。除一个节点外,其他节点实现完全同步。因为接收端与房间 2(R2)的距离增加,完全同步节点比例减少。由于网络规模增加到 10 个视觉传感器,分别部署在 2 个房间,因此通信质量明显降低。2 个房间完全同步节点比例小于 4 个视觉传感器的情况。然而,所有情况都明显好于粗同步方法。

图 5.16 显示了 2 个房间不同网络规模的同步结果,表明视觉传感器和协调器之间

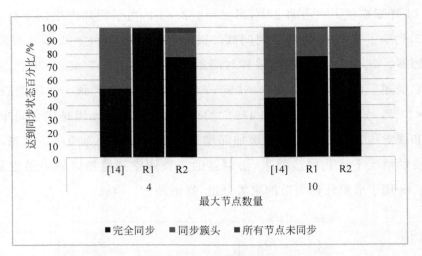

图 5.15　不同网络规模粗同步后稳定同步状态柱状图

的距离明显影响同步结果。房间 1 的 t^μ 均值一直好于房间 2。网络规模也影响同步结果。网络规模越大,则 t^μ 均值越大。然而,在 10 个视觉传感器的网络规模中,房间 2 的 t^μ 均值能够控制在大约 10 ms,适用于大多数 WMSN 应用。

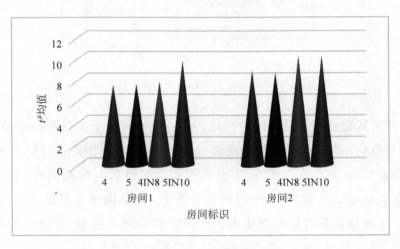

图 5.16　2 个房间不同网络规模的 t^μ 均值图示

5.4　本章小结

　　本章针对室内多视角摄像机系统的实时性要求,开展了 3D 定位算法的研究工作。移动机器人的实时 3D 空间位置能够通过 ICPC 算法进行多视角 2D 图像坐标同步数据融合实现。联合标定算法能够有效地部署和标定多视角摄像机。实验结果显示,该算法能够有效修正定位误差,克服阴影检测的负面影响,获得高精度定位,并能够扩展到后续实验。

针对灾难救援系统的需求,提出了室内 WMSN 架构,并建立了 XBee 传感器网络,满足实时数据聚类和无线传输需求。多视角检测结果能够同步传输到协调器,并实现实时聚类。实验结果显示,WMSN 架构能够实现可能的多视角实时数据同步和聚类。

第6章

基于递推最小二乘的
移动机器人动态定位

针对室内 WMSN 中的 3D 定位问题,笔者提出了移动机器人自主动态定位算法。尤其是针对协调器端信道瓶颈问题,实时 3D 定位算法能够适应动态网络,同步融合多视角 2D 坐标,实现室内 WMSN 中的移动机器人 3D 自主定位。并且,组合了多种智能传感器设备,建立智能传感器架构,用于实际应用。多视角联合标定算法能够同时获得多视角摄像机的内参和外参。递推最小二乘算法可以融合多视角 2D 图像坐标,计算移动机器人的 3D 世界坐标。针对实时 3D 定位问题,使用误差补偿机制可以减少由于 3D 定位算法中融合多视角数据而产生的误差。因此,本章提出的算法能够实现室内 WMSN 中可靠高效的实时 3D 定位。

移动机器人动态定位算法的创新性贡献体现在对现有的双目定位算法进行改进,克服了该算法无法融合多视角目标检测结果和无法应用于室内 WMSN 环境的问题,本章提出了递推最小二乘算法,实现同步融合多视角 2D 目标检测坐标,实现室内 WMSN 的移动机器人 3D 动态定位。并且,针对 WMSN 网络信道瓶颈造成定位误差较大的问题,提出了误差补偿机制。该算法能够克服网络通信丢包问题,实现可靠高效的移动机器人在灾难环境中的实时 3D 定位。

6.1 基于无线多媒体传感器的网络架构

基于 WMSN 的智能传感器架构是一个网状网络,包括 PIXY 传感器、Arduino UNO、XBee 和 PC。PIXY 完成图像处理工作。图像处理结果是检测到的移动机器人图像坐标和边界框。并且,XBee 传感器网络用于数据传输,协调器用于多视角视觉传感器的同步数据融合。

6.1.1　无线多媒体传感器网络的自组织网络

图 6.1 显示了 WMSN 架构的网状网络。预先部署的 8 个视觉传感器分别放置在 2 个房间的 4 个角落。星形表示坐标系原点,视觉传感器的世界坐标精度达到毫米级。所有视觉传感器朝向房间中心。大约 1.5 m×1.5 m 的房间区域被 4 个视觉传感器的视场覆盖,房间的其他区域被少于 4 个视觉传感器覆盖。移动机器人携带 PC 运行在房间中央,PC 直接连接协调器。视觉传感器每隔 1 s 同步记录目标位置,在自己分配到的时间槽异步传输预定义的数据包到协调器。并且,当检测到移动机器人时,视觉传感器的状态从休眠模式转换到主动模式。如果移动机器人未被任何视觉传感器检测到,则使用基于 WSN 的移动机器人动态定位算法完成自主定位。

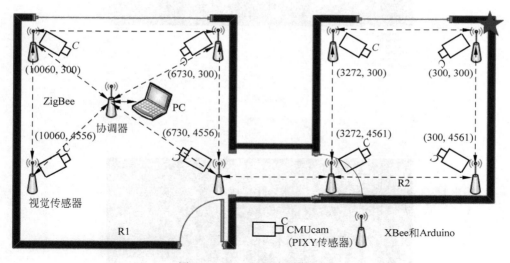

图 6.1　WMSN 网状网络图示

6.1.2　无线多媒体传感器网络的目标检测算法

在现实中检测潜在目标,并控制误报警率是非常困难的工作。同时,算法需要执行在硬件资源有限的智能传感器中。因此,PIXY 采用基于色相饱和度值(Hue Saturation Value,HSV)颜色空间的颜色边框跟踪算法来检测单一颜色信息。2D 坐标和边界框传输到 Arduino UNO。图 6.2 显示了检测结果。图 6.2(a)显示了成熟图像,头盔固定在机器人的三脚架上,头盔上的像素表示通过颜色算法检测到的基于 HSV 的颜色空间。

因为头盔的旋转和形状不变性,头盔的颜色信息区别于其他目标。并且,头盔的高度明显高于房间内的大多数障碍物。同时,当移动机器人静止在同一位置或者运动时,都能成功检测到颜色信息。图 6.2(b)的边界框描述了头盔的质心和大小。边界框的最小方块为 200 像素。因此,能够过滤大多数的误报警。识别标志 $s=1$ 表示移动机器人的标

(a) 成熟图像

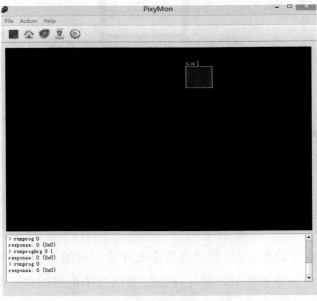

(b) 边界框

图 6.2　基于颜色算法的移动机器人目标检测图示

识,当该颜色信息被多视觉传感器检测到时,无须图像匹配就能够被多视觉传感器识别为同一目标。

基于 HSV 颜色空间的颜色边框跟踪算法能够同时检测和定位多个不同色彩的标志物对象,通过识别标志变量 s 作为不同标志物的标识,实现该算法同时识别多个目标的功能。该算法能够用于多个移动机器人的协同编队和定位。

6.1.3　无线多媒体传感器网络的定位系统硬件平台

图 6.3 描述了基于无线多媒体传感器网络的定位系统硬件平台。图 6.3(a)显示了部署在预定位置的视觉传感器设备。PIXY 传感器固定在支架的托盘上,支架可以根据室内环境结构改变摆放位置。PIXY 传感器与 Arduino UNO 通过串口实现有线连接。XBee S2 作为 Arduino UNO 的外部设备,通过 Arduino XBee 传感器转接板实现物理连接。PIXY 视觉传感器实现移动机器人的实时监控。PIXY 的检测结果通过串口电缆传输到 Arduino UNO。Arduino UNO 负责数据处理,并封装到 API 数据包,再通过物理连接的 XBee S2 发送到 XBee 无线传感器网络中,最终传输到协调器。图 6.3(b)显示了协调器接收无线传输数据包的场景。Voyager Ⅱ 自主移动机器人携带 XBee S2 协调器,协调器通过串口电缆直接连接到 PC 端。PC 端融合来自多视角的同步 2D 图像坐标,实现室内移动机器人的 3D 动态自主定位。

(a) 视觉传感器　　　　　　　　　　(b) 移动机器人

图 6.3　基于无线多媒体传感器网络的定位系统硬件图示

6.2　基于递推最小二乘的移动机器人动态定位算法

为了实现多视角系统中的实时 3D 定位，提出了一个新颖的最小二乘（Least Squares，LS）定位算法。该算法融合预先部署的多视角摄像机检测到的移动机器人 2D 图像坐标，获得实时 3D 空间位置。该算法与计算机视觉中广泛应用的经典三角测量算法（Triangulation Algorithm，TA）进行对比，LS 算法能够融合来自多视角的 2D 图像坐标，而 TA 仅能实现 2 个视角的数据融合。

6.2.1　面向畸变补偿的多视角联合标定算法

实验平台为 2 个室内房间，分别部署 4 个视觉传感器，视角 60°能够应用小孔成像原理。第 α 个视觉传感器，$\alpha=1,2,\cdots,4$，对应标定工具箱的内部参数定义为焦距：fc^α，主点：cc^α，畸变系数：alpha_c^α，畸变：kc^α。从图像坐标到归一化坐标的投影方法定义如下。

假设来自第 α 个视觉传感器的检测目标质心的图像坐标为 $\boldsymbol{p}=(xp^\alpha,yp^\alpha)$。归一化坐标投影为 (x^α,y^α)，则小孔成像模型如下：

$$\begin{cases} xp^\alpha=\dfrac{fc^\alpha X_c^\alpha}{Z_c^\alpha} \\[3mm] yp^\alpha=\dfrac{fc^\alpha Y_c^\alpha}{Z_c^\alpha} \end{cases} \tag{6.1}$$

其中，$(X_c^\alpha,Y_c^\alpha,Z_c^\alpha)$ 是 3D 世界坐标点 $\boldsymbol{P}$ 在摄像机坐标系中的坐标。

假设 $r^2=(x^\alpha)^2+(y^\alpha)^2$，描述镜头畸变的新的归一化点坐标 $\boldsymbol{x}_d$ 为：

$$\boldsymbol{x}_d=(1+kc^\alpha(1)r^2+kc^\alpha(2)r^4+kc^\alpha(5)r^6)x_n^\alpha+\mathrm{d}\boldsymbol{x} \tag{6.2}$$

其中，切向畸变向量 $\mathrm{d}\boldsymbol{x}$ 能够定义如下：

$$\mathrm{d}\boldsymbol{x}=\begin{bmatrix} 2kc^\alpha(3)x^\alpha y^\alpha+kc^\alpha(4)(r^2+2(x^\alpha)^2) \\ kc^\alpha(3)(r^2+2(y^\alpha)^2)+2kc^\alpha(4)x^\alpha y^\alpha \end{bmatrix} \tag{6.3}$$

应用畸变处理后，图像坐标能够描述如下：

$$\begin{cases} xp^\alpha=fc^\alpha(1)(\boldsymbol{x}_d(1)+\text{alpha}_c^\alpha \boldsymbol{x}_d(2))+cc^\alpha(1) \\ yp^\alpha=fc^\alpha(2)\boldsymbol{x}_d(2)+cc^\alpha(2) \end{cases} \tag{6.4}$$

多视角联合标定算法是在标定工具箱的基础上提出的附加函数。通过水平放置的

2 个标定板平面,同时完成多视角摄像机的标定工作。标定板角点的 3D 世界坐标通过提出的递推最小二乘(Recursive Least Squares,RLS)定位算法确定。

6.2.2 面向 3D 定位的最小二乘算法

图 6.4 显示了递推最小二乘定位算法以及图像坐标系和世界坐标系之间的几何关系。基于小孔成像模型,检测边界框质心的 2D 图像坐标和移动机器人顶部头盔之间的直线是一个视角中穿越摄像机光心的特定射线。然而,由于镜面畸变产生的误差,该射线无法到达头盔的中心。因此,来自多视角的多条射线无法穿越共同的交点。必须找到 LS 解决方案的质心,能够实现到达所有射线的距离最短,该质心就是移动机器人 3D 位置的估计坐标。

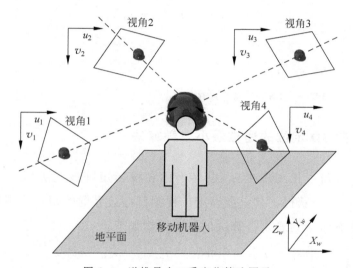

图 6.4 递推最小二乘定位算法图示

首先,确定标定工具箱的内部参数。其次,定义第 α 个视觉传感器的投影矩阵 $\boldsymbol{M}^{\alpha}$,$\alpha=1,2,\cdots,4$,对应的线性模型能够由如下公式获得:

$$Z_{ci}^{\alpha}\begin{bmatrix} x_i^{\alpha} \\ y_i^{\alpha} \\ 1 \end{bmatrix} = \begin{bmatrix} m_{11}^{\alpha} & m_{12}^{\alpha} & m_{13}^{\alpha} & m_{14}^{\alpha} \\ m_{21}^{\alpha} & m_{22}^{\alpha} & m_{23}^{\alpha} & m_{24}^{\alpha} \\ m_{31}^{\alpha} & m_{32}^{\alpha} & m_{33}^{\alpha} & 1 \end{bmatrix}\begin{bmatrix} X_{wi} \\ Y_{wi} \\ Z_{wi} \\ 1 \end{bmatrix} \tag{6.5}$$

$$\boldsymbol{M}^{\alpha} = \begin{bmatrix} m_{11}^{\alpha} & m_{12}^{\alpha} & m_{13}^{\alpha} & m_{14}^{\alpha} \\ m_{21}^{\alpha} & m_{22}^{\alpha} & m_{23}^{\alpha} & m_{24}^{\alpha} \\ m_{31}^{\alpha} & m_{32}^{\alpha} & m_{33}^{\alpha} & 1 \end{bmatrix} \tag{6.6}$$

其中，$(x_i^\alpha, y_i^\alpha, 1)$ 是第 α 个视觉传感器的第 i 个角点的齐次归一化图像坐标；$(X_{wi}, Y_{wi}, Z_{wi}, 1)$ 是对应点的齐次世界坐标；由于 2 个标定板能够被 4 个视觉传感器同时监控，式(6.5)的世界坐标完全相同；m_{ij}^α 是投影矩阵 $\boldsymbol{M}^\alpha$ 的第 i 行第 j 列对应的数值；Z_{ci}^α 是第 α 个摄像机坐标系的 Z 轴坐标。

投影矩阵 $\boldsymbol{M}^\alpha$ 能够通过如下的 LS 算法获得。由于 LS 算法的归一化图像坐标(x_i^α, y_i^α) 和世界坐标(X_{wi}, Y_{wi}, Z_{wi}) 能够通过 2 个标定板的水平部署方式获得，因此 $\boldsymbol{B}_M^\alpha$ 是归一化图像坐标的转置矩阵。

$$\boldsymbol{A}_M^\alpha = \begin{bmatrix} \boldsymbol{A}_1^\alpha & \boldsymbol{A}_2^\alpha \end{bmatrix} \tag{6.7}$$

$$\boldsymbol{A}_1^\alpha = \begin{bmatrix} X_{wi} & Y_{wi} & Z_{wi} & 1 & 0 & 0 & 0 & 0 \\ 0 & 0 & 0 & 0 & X_{wi} & Y_{wi} & Z_{wi} & 1 \end{bmatrix} \tag{6.8}$$

$$\boldsymbol{A}_2^\alpha = \begin{bmatrix} -x_i^\alpha X_{wi} & -x_i^\alpha Y_{wi} & -x_i^\alpha Z_{wi} \\ -y_i^\alpha X_{wi} & -y_i^\alpha Y_{wi} & -y_i^\alpha Z_{wi} \end{bmatrix} \tag{6.9}$$

$$\boldsymbol{B}_M^\alpha = \begin{bmatrix} x_i^\alpha & y_i^\alpha \end{bmatrix}' \tag{6.10}$$

$$\boldsymbol{M}^\alpha = ((\boldsymbol{A}_M^\alpha)^{\mathrm{T}} \boldsymbol{A}_M^\alpha)^{\mathrm{T}} \boldsymbol{B}_M^\alpha \tag{6.11}$$

6.2.3　面向 3D 定位的递推最小二乘算法

基于式(6.7)，归一化图像坐标、世界坐标和投影矩阵彼此关联。并且，投影矩阵 $\boldsymbol{M}^\alpha$ 能够通过式(6.11)获得。如果能够定位检测目标边界框的归一化图像坐标，就能够确定对应的世界坐标。RLS 定位算法的解决方案如下：

$$\boldsymbol{A}_w = \begin{bmatrix} m_{11}^\alpha - m_{31}^\alpha x_i^\alpha & m_{12}^\alpha - m_{32}^\alpha x_i^\alpha & m_{13}^\alpha - m_{33}^\alpha x_i^\alpha \\ m_{21}^\alpha - m_{31}^\alpha y_i^\alpha & m_{22}^\alpha - m_{32}^\alpha y_i^\alpha & m_{23}^\alpha - m_{33}^\alpha y_i^\alpha \end{bmatrix} \tag{6.12}$$

$$\boldsymbol{B}_w = \begin{bmatrix} x_i^\alpha - m_{14}^\alpha & y_i^\alpha - m_{24}^\alpha \end{bmatrix}^{\mathrm{T}} \tag{6.13}$$

$$\hat{\boldsymbol{P}}_w(1) = (\boldsymbol{A}_w^{\mathrm{T}} \boldsymbol{A}_w)^{-1} \boldsymbol{A}_w^{\mathrm{T}} \boldsymbol{B}_w \tag{6.14}$$

$$\hat{\boldsymbol{P}}_w(k) = \hat{\boldsymbol{P}}_w(k-1) + \boldsymbol{K}(k)[z(k) - \boldsymbol{h}^{\mathrm{T}}(k)\hat{\boldsymbol{P}}_w(k-1)] \tag{6.15}$$

$$\boldsymbol{K}(k) = \frac{\boldsymbol{P}(k-1)\boldsymbol{h}(k)}{\boldsymbol{h}^{\mathrm{T}}(k)\boldsymbol{P}(k-1)\boldsymbol{h}(k) + 1} \tag{6.16}$$

$$\boldsymbol{P}(k) = [\boldsymbol{I} - \boldsymbol{K}(k)\boldsymbol{h}^{\mathrm{T}}(k)]\boldsymbol{P}(k-1) \tag{6.17}$$

$$\boldsymbol{h}(k) = \boldsymbol{A}_w(k-1, :) \tag{6.18}$$

其中，$\boldsymbol{A}_w$ 和 $\boldsymbol{B}_w$ 是 LS 算法的参数矩阵；基于式(6.14)，$\hat{\boldsymbol{P}}_w(1)$ 是通过 LS 算法获得的世界坐标估计值，它是式(6.15)中 RLS 算法的初始值；$\boldsymbol{P}(1)$ 的初始值是 $10\boldsymbol{I}$，$\boldsymbol{I}$ 表示单位

矩阵；k 是从 2 到 $(rn+1)$ 的迭代数量；rn 是矩阵 $\boldsymbol{A}_w$ 的行数；$\hat{\boldsymbol{P}}_w(k)$ 是世界坐标的最终估计值；$\boldsymbol{K}(k)$、$\boldsymbol{P}(k)$ 和 $\boldsymbol{h}(k)$ 是对应的迭代方程。

6.3　基于无线多媒体传感器网络的定位误差补偿机制

6.3.1　多视角 3D 定位误差分析

首先，假设 $\boldsymbol{P}_{wi}^c=(X_{wi}^c,Y_{wi}^c,Z_{wi}^c)$ 是世界坐标估计值，$\boldsymbol{P}_{wi}^g=(X_{wi}^g,Y_{wi}^g,Z_{wi}^g)$ 是 2 个标定板的角点真实坐标；采样的均值 $\boldsymbol{P}_\mu=(X_\mu,Y_\mu,Z_\mu)$、标准方差 $\boldsymbol{P}_\sigma=(X_\sigma,Y_\sigma,Z_\sigma)$ 和高斯白噪声 N_{err} 定义如下：

$$\boldsymbol{P}_\mu(j)=\sum_{wi=1}^{\beta}(\boldsymbol{P}_{wi}^c(j)-\boldsymbol{P}_{wi}^g(j))/\beta \tag{6.19}$$

$$\boldsymbol{P}_\sigma(j)=\sum_{wi=1}^{\beta}((\boldsymbol{P}_{wi}^c(j)-P_{wi}^g(j))^2)/(\beta-1) \tag{6.20}$$

$$N_{\text{err}}(j)=\text{norm}(\boldsymbol{P}_\mu(j),\boldsymbol{P}_\sigma(j)) \tag{6.21}$$

其中，wi 的取值为从 1 到 β；$j\in[1,3]$ 表示从 1 到 3 的三个维度，β 是 2 个标定板的角点数量；$\text{norm}(\cdot)$ 是高斯白噪声函数，均值为 $\boldsymbol{P}_\mu(j)$，标准方差为 $\boldsymbol{P}_\sigma(j)$。因此，高斯白噪声能够用于单独仿真三个维度的定位误差。

其次，摄像机镜头畸变对于误差分布具有显著影响。主点附近的定位误差较小。当归一化图像坐标和主点之间的距离增加时，定位误差随之逐渐增加。

归一化图像坐标点 (x^a,y^a) 的概率密度函数（Probability Density Function，PDF）仿真方程如下：

$$f(x^a,y^a)=1-\frac{1}{\sqrt{2\pi\sigma_x\sigma_y}}\text{e}^{-\left(\frac{(x^a-x_0)^2}{2\sigma_x^2}+\frac{(y^a-y_0)^2}{2\sigma_y^2}\right)} \tag{6.22}$$

其中，(x_0,y_0) 是归一化主点 $(0,0)$；$\sigma_x=1$ 和 $\sigma_y=1$ 是高斯函数的标准方差。

最后，高斯白噪声 $N_{\text{err}}(j)$ 是第 j 维度的定位误差波幅，是归一化图像坐标点 (x^a,y^a) 的 PDF 数值。归一化图像坐标点 (x^a,y^a) 的 PDF 数值在第 j 维度的高斯白噪声幅值如下：

$$\text{Err}(j)\Big|(x^a,y^a)=\sum_{a\in\text{Cams}}(N_{\text{err}}(j)f(x^a,y^a))/\text{num} \tag{6.23}$$

其中，Cams 是检测到移动机器人的视觉传感器集合；num 是集合的长度。

6.3.2　面向无线多媒体传感器网络的 3D 定位误差补偿算法

由于网络不稳定和协调器端信道瓶颈问题,RLS 算法的数据融合过程中视觉传感器的一些检测结果存在丢失现象。因此,来自 3 个视角的 RLS 算法的定位误差会大于来自 4 个视角的定位误差。图 6.5 显示了针对头盔的多视角检测点无交点图示。由于视觉传感器的检测数据丢失,造成 3D 定位结果偏移到缺少检测数据的视觉传感器方向的变化趋势特定缺失视觉传感器的预定义参数矩阵为 $\boldsymbol{Tr}$。

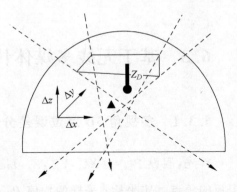

图 6.5　针对头盔的多视角检测点无交点图示

基于缺失视觉传感器变化趋势定义为:

$$\boldsymbol{Tr} = \begin{bmatrix} -\mid N_{\text{err}}(1) \mid & -\mid N_{\text{err}}(2) \mid & -\mid N_{\text{err}}(3) \mid \\ -\mid N_{\text{err}}(1) \mid & \mid N_{\text{err}}(2) \mid & -\mid N_{\text{err}}(3) \mid \\ \mid N_{\text{err}}(1) \mid & \mid N_{\text{err}}(2) \mid & -\mid N_{\text{err}}(3) \mid \\ \mid N_{\text{err}}(1) \mid & -\mid N_{\text{err}}(2) \mid & -\mid N_{\text{err}}(3) \mid \end{bmatrix} \tag{6.24}$$

$$\boldsymbol{Tr}^{\alpha} = \sum_{\alpha \in \text{Cams}} \boldsymbol{Tr}(\alpha, :) \tag{6.25}$$

针对缺失传感器,基于误差补偿的 RLS 算法获得 3D 位置的公式如下:

$$\hat{\boldsymbol{P}}_{\text{LS}} = \hat{\boldsymbol{P}}_{w}(k) \tag{6.26}$$

$$\hat{\boldsymbol{P}}_{\text{comp}} = \hat{\boldsymbol{P}}_{\text{LS}}(j) - (\text{Err}(j) \mid (x^{\alpha}, y^{\alpha})) + \boldsymbol{Tr}^{\alpha}(j) \tag{6.27}$$

其中,$\hat{\boldsymbol{P}}_{\text{LS}}$ 是式(6.15)中基于 RLS 定位算法获得的 3D 坐标;如图 6.5 所示,$\hat{\boldsymbol{P}}_{\text{comp}}$ 是从实心三角形到实心圆形的修改数值;从实心圆形到直线构成的平行四边形平面存在定位误差 Z_D;定位误差 Z_D 能够通过如下公式补偿:

$$\hat{\boldsymbol{P}}_{\text{comp}}^{Z_D} = \begin{bmatrix} \hat{\boldsymbol{P}}_{\text{comp}}(1) & \hat{\boldsymbol{P}}_{\text{comp}}(2) & \hat{\boldsymbol{P}}_{\text{comp}}(Z) \end{bmatrix} \tag{6.28}$$

$$\hat{\boldsymbol{P}}_{\text{comp}}(Z) = (\hat{\boldsymbol{P}}_{\text{comp}}(3) - \text{norm}(\boldsymbol{P}_{\sigma}(3), \lambda^{\gamma})) \tag{6.29}$$

$$\lambda^{\gamma} = \frac{R_{\text{width}}^{\gamma} \times R_{\text{length}}^{\gamma}}{\text{Area}_{\text{length}}^{2}} \tag{6.30}$$

其中,λ^{γ} 是第 γ 个房间中 4 个传感器构成的矩形区域的空间比,$\gamma = 1, 2$;$R_{\text{width}}^{\gamma}$ 和 $R_{\text{length}}^{\gamma}$ 是对应空间区域的宽度和长度;$\text{Area}_{\text{length}}^{2}$ 是 4 个视觉传感器的重叠视界。

6.4　实验数据及分析

图 6.1 显示了基于 WMSN 的智能传感器架构,运行在自主开发的实验平台上。PIXY 是 24 时钟周期和 320×200 50 fps。分辨率为 640×400。并且,PIXY 仅需要 20 ms 完成目标检测。

协调器的同步信息以 5 s 时间间隔发送到每个视觉传感器。视觉传感器以 500 ms 时间间隔同步记录关键帧。并且,2 个关键帧封装到传输包中,并以 1 s 时间间隔,按照异步方式,在分配给自己的时间槽中发送给协调器。实时数据基于空间和时间关联法则聚类到特定分组中。

PIXY 视觉传感器能够在 20 ms 时间内完成目标检测,保证算法的复杂性能够适应实时定位的需求。并且,1 s 的时间间隔内传输的数据包封装 2 个关键帧,排除了过多图像帧处理带来的计算成本增加,有效降低了计算复杂性,保证该算法能够快速收敛到估计位置。

6.4.1　多视角联合标定实验数据分析

图 6.6 描述了房间 1 中第 1、第 2 个视角的 2 个标定板归一化坐标。4 个视觉传感器部署在房间 1 的 4 个角落。摄像机的角度和方向事先调整,保证标定板能够完全显示在视界之内。因此,2 个标定板能够显示在多视角的重叠视界中心。图 6.6(a)和图 6.6(b)描述了高度为 1630 mm 低平面的归一化图像坐标。摄像机和角点之间的距离越近,检测角点密度就越大。这符合摄像机成像原理。尽管根据角点和摄像机的相对位置关系,角点密度不同,12×12 个角点明显构成了 12 行和 12 列,完全覆盖了多视角的视界。表明归一化图像坐标没有显著的定位误差。镜头畸变没有显著影响检测结果位置。图 6.6(c)和图 6.6(d)描述了 1732 mm 高平面的归一化坐标。尽管与低平面相比位置不同,镜头畸变仍然没有造成显著定位误差。在 4 个摄像机角度和方向不变的情况下,适度调整标定板高度,确保 12×12 个角点完全覆盖多视角的视界区域。

图 6.7 描述了基于 RLS 算法获得的角点 3D 坐标。据笔者所知,RLS 算法能够融合来自多视角的 2D 图像坐标,获取检测目标的 3D 空间位置,该方法并没有在计算机视觉和 WMSN 领域进行研究。十字标识表示 RLS 算法的 3D 坐标的估计值,它接近 2 个标定板的真实值。2 个标定板分别部署在高度为 1630 mm 和 1732 mm 的平面。标

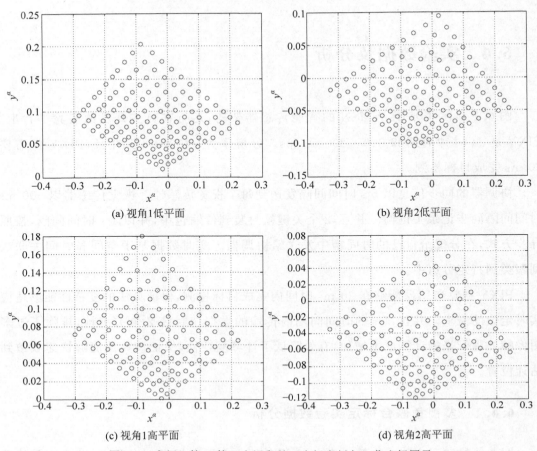

图 6.6　房间 1 第 1、第 2 个视角的 2 个标定板归一化坐标图示

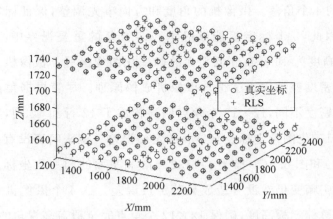

图 6.7　基于 RLS 算法的 2 个标定板的定位结果图示

定板的面积为 $1.5 \times 1.5 \text{ m}^2$，定位结果明显表明了两个原则。首先，平面边缘的定位误差略微大于平面中心位置。这表明尽管定位误差较小，镜头畸变仍然对定位结果产生负面影响。其次，如果角点接近 4 个摄像机，则定位误差小于远离 4 个摄像机的角点。

根据图 6.6 的显示结果,2 个标定板的 4 个角接近 4 个摄像机,4 个角的定位误差小于其他位置。这表明尽管未产生严重的定位误差,检测目标的 3D 位置和摄像机之间的几何关系也会显著影响定位结果。

图 6.8 显示了基于 RLS 算法的 2 个标定板的定位误差。平均定位误差控制在 5 mm 左右,大多数误差小于 10 mm,一些定位误差甚至小于 1 mm。这表明 RLS 算法能够融合来自多视角的 2D 图像坐标,获得稳定精确的检测目标的 3D 坐标。只要来自多视角的 2D 图像坐标足够精确,定位误差能够控制在小于 1 mm。

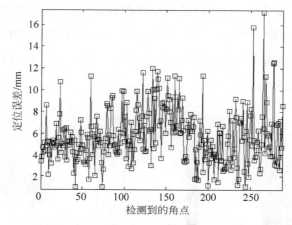

图 6.8　基于 RLS 算法的 2 个标定板的定位误差图示

图 6.9 描述了基于 RLS 算法的 2 个标定板的累积定位误差。90% 的定位误差小于 10 mm,50% 的定位误差控制在 5 mm 左右,5% 的定位误差小于 2 mm,3% 的定位误差小于 1 mm。在室内环境中,该算法的精度较高,能够扩展到实际应用中。

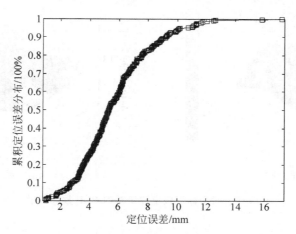

图 6.9　基于 RLS 算法的 2 个标定板的累积定位误差图示

图 6.10 显示了 2 个标定板定位误差的 PDF 数值。图 6.10(a)、图 6.10(b)和图 6.10(c)描述了归一化图像坐标(x^a, y^a)在二维平面的定位误差,$\alpha = 1$。这表明 3D 定位算法的定位误差投影到第 1 台摄像机的归一化图像坐标系。图 6.10(a)显示了 2 个标定板在 X 轴的定位误差投影到 2D 归一化坐标(x^a, y^a)的结果。这清楚地表明在原点$(0,0)$的定位误差相对较小。当原点$(0,0)$和 2D 归一化坐标(x^a, y^a)之间的距离增加时,定位误差随之增加。它服从二维正态分布。图 6.10(b)和图 6.10(c)显示了 Y 轴和 Z 轴定位误差的相同变化趋势。在原点$(0,0)$的定位误差相对小于其他位置。随着原点$(0,0)$和 2D 归一化坐标(x^a, y^a)之间距离的增加,定位误差也随之增加。它也服从二维正态分布。因此,图 6.10(d)显示了基于式(6.22)的 PDF 用于仿真该变化趋势。原点是归一化主点。高斯函数的二维标准差是 $\sigma_x = 1$ 和 $\sigma_y = 1$。PDF 图形为二维钟形曲线,并服从二维正态分布。

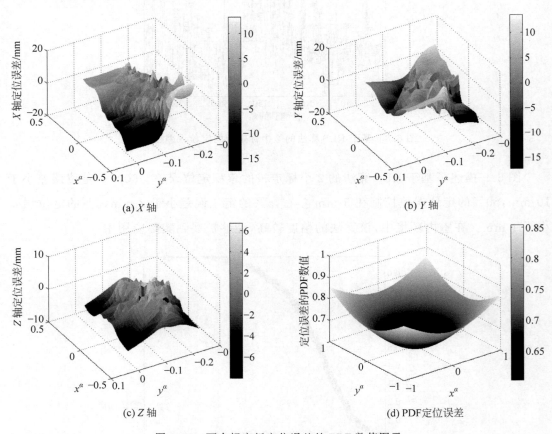

(a) X 轴　　　　　　　　　　　　(b) Y 轴

(c) Z 轴　　　　　　　　　　　　(d) PDF 定位误差

图 6.10　两个标定板定位误差的 PDF 数值图示

6.4.2　面向 WMSN 的移动机器人 3D 定位实验数据分析

基于误差补偿机制,RLS 定位算法能够分成两组,分别是基于缺失视觉传感器误差补偿机制的递推最小二乘(Recursive Least Squares with error compensation of Missing visual sensor,RLSM)算法和基于 Z 轴补偿和缺失视觉传感器补偿机制的递推最小二乘(RLSM with compensation of Z_D,RLSMZ)算法。RLSM 算法用于获取式(6.27)对应的估计值 $\hat{\boldsymbol{P}}_{\text{comp}}$。RLSMZ 用于获取式(6.28)对应的估计值 $\hat{\boldsymbol{P}}_{\text{comp}}^{Z_D}$。

三角形测量(Triangulation Algorithm,TA)算法是广泛应用于计算机视觉的 3D 定位算法,该算法能够用于评价提出算法的性能指标。因为设计的实验平台是多视角系统,TA 算法只能同时融合来自 2 个多视角摄像机的 2D 图像坐标,为了评估 TA 和 RLS 算法的性能,必须融合来自任何 2 个多视角摄像机的 2D 图像坐标。因此,提出了融合所有视觉传感器的三角形测量(Triangulation Algorithm with All visual sensors in each room,TAA)算法。首先,多视角摄像机进行配对组合,任何 2 个摄像机分为一组,基于 TA 算法融合 2 个摄像机的 2D 图像坐标,获取 3D 坐标。然后,融合多个 3D 坐标计算均值,作为 TAA 算法的估计值。

图 6.11(a)、图 6.11(c)、图 6.11(e)和图 6.11(g)描述了房间 1 中基于方形路径的 3D 定位结果。图 6.11(a)显示了 RLSM 和 RLSMZ 算法中 70% 的定位误差小于 100 mm。因为方形路径使得移动机器人运行在多视角摄像机的视界边缘,镜头畸变显著影响了定位精度,90% 的 RLS 算法的定位误差小于 400 mm。图 6.11(c)显示了 RLS 算法的定位误差曲线具有明显的波峰和波谷。曲线波动的相位和波峰呈现规律性变化。当移动机器人运行在多视角摄像机的视界边缘时,定位误差增加。当移动机器人运行在多视角摄像机的视界中心时,定位误差逐渐减少。并且,TA 算法的少数定位误差超过 1200 mm。TAA 算法却没有发生该现象。由于 TA 算法仅能够融合来自第 1、第 2 个视角的 2D 图像坐标,因此第 1、第 2 个视角的目标检测产生的误报警严重影响 TA 算法的定位精度。RLS 和 TAA 算法能够同时融合多视角的 2D 图像坐标,能够将第 1、第 2 个视角的误报警影响控制在最小范围。图 6.11(e)显示了移动机器人运行的方形路径。RLS 算法的估计 3D 坐标与方形路径保持一致。然而,由于方形路径的 4 个角接近多视角摄像机的视界边缘,基于镜头畸变原理,4 个角的定位误差相对较大。图 6.11(g)描述了无线通信的数据包传输情况。仅有 50 个采样点包括来自 4 个视觉传感器的同步 2D 图像坐标,184 个采样点包括 3 个视觉传感器的同步数据,148 个采样点仅包括 2 个视觉传感器的同步数据。由于提出的误差补偿机制能够克服无线通信的缺

点,RLSMZ 算法能够提供最佳的定位精度,即 142.169 mm。

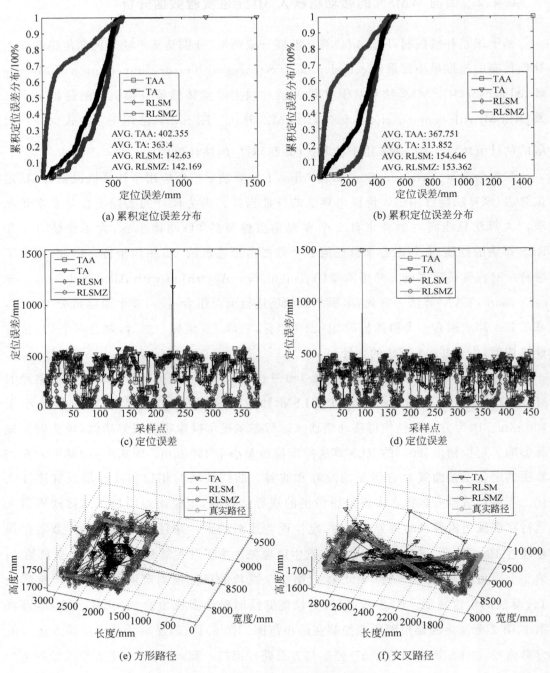

(a) 累积定位误差分布　　　　　　　　(b) 累积定位误差分布

(c) 定位误差　　　　　　　　　　(d) 定位误差

(e) 方形路径　　　　　　　　　　(f) 交叉路径

图 6.11　房间 1 的 3D 定位结果图示

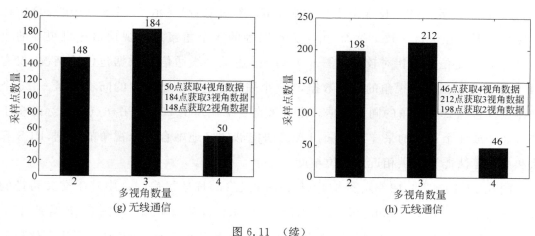

图 6.11　（续）

　　图 6.11(b)、图 6.11(d)、图 6.11(f)和图 6.11(h)描述了房间 1 中基于交叉路径的
3D 定位结果。图 6.11(b)显示了 70％的 RLSM 和 RLSMZ 算法的定位误差小于
200 mm,90％的 RLS 算法的定位误差小于 400 mm。该定位精度与方形路径的定位效
果相似。因为交叉路径使得移动机器人运行在多视角摄像机的视界边缘,所以镜头畸
变严重影响定位精度。并且,因为交叉路径拥有多个急转弯,所以移动机器人很难和交
叉路径保持一致。图 6.11(d)显示了 RLS 算法的误差曲线具有明显的波峰和波谷。曲
线的相位和幅度呈现规律性变化。少数 TAA 算法的定位误差达到 1500 mm。TA 算
法并没有发生该现象。由于 TA 算法仅能融合来自第 1、第 2 个视角的 2D 图像坐标,因
此来自第 3、第 4 个视角的目标检测误报警不会对 TA 算法产生影响。图 6.11(f)显示
了移动机器人运行的交叉路径。RLS 算法的 3D 坐标与交叉路径的变化趋势保持一
致。然而,由于交叉路径的 4 个角接近多视角摄像机的边缘,基于镜头畸变原理,4 个角
的定位误差相对较大。交叉路径的复杂性造成定位误差明显大于其他情况。
图 6.11(h)描述了无线通信的数据包传输情况。无线通信状态近似于方形路径,仅有
46 个采样点包括来自 4 个视觉传感器的同步数据,212 个采样点包括来自 3 个视角的
同步数据,198 个采样点仅包括来自 2 个视角的同步数据。由于误差补偿机制能够克服
无线通信的缺点,因此 RLSMZ 算法能够提供最佳定位精度,即 153.362 mm。
　　图 6.12(a)、图 6.12(c)、图 6.12(e)和图 6.12(g)描述了房间 2 中基于方形路径的
3D 定位结果。图 6.12(a)显示了 RLSM 和 RLSMZ 算法的 60％定位误差小于
150 mm。因为方形路径使得移动机器人运行在多视角摄像机的视界边缘,空间比与房
间 1 相比相对较小,房间 2 的镜头畸变比房间 1 对定位精度的影响更严重。图 6.12(c)
显示了所有算法的定位误差曲线具有明显的波峰和波谷。曲线的相位和幅值剧烈变

化。并且,所有算法的定位误差小于 500 mm。图 6.12(e)显示了 RLS 算法的 3D 估计坐标与方形路径保持一致。然而,由于方形路径的 4 个角接近多视角摄像机视界的边缘,4 个角的定位误差相对较大。图 6.12(g)描述了无线通信的数据包传输情况,仅有 24 个采样点包括 4 个视角的同步数据,340 个采样点包括 3 个视角的同步数据。636 个采样点仅包括 2 个视角的同步数据。由于来自 2 个视角的 636 个采样点数量远远多于来自 3 个或 4 个视角的采样点数量,TA 算法能够较好地融合 2 个视角的数据,RLS 算法和 TA 算法能够提供相近的定位精度。

图 6.12(b)、图 6.12(d)、图 6.12(f)和图 6.12(h)描述了房间 2 中基于交叉路径的 3D 定位结果。图 6.12(b)显示了 RLSM 和 RLSMZ 算法的 70% 定位误差小于 170 mm,RLS 算法的 90% 定位误差小于 300 mm,基于交叉路径的 RLS 算法定位精度与方形路径的定位精度相似。因为交叉路径使得移动机器人运行在多视角视界的边缘,空间比与房间 1 相比相对较小,镜头畸变相对影响严重。并且,因为交叉路径包含多个急转弯,移动机器人很难和交叉路径保持一致。图 6.12(d)显示了 RLS 算法的误

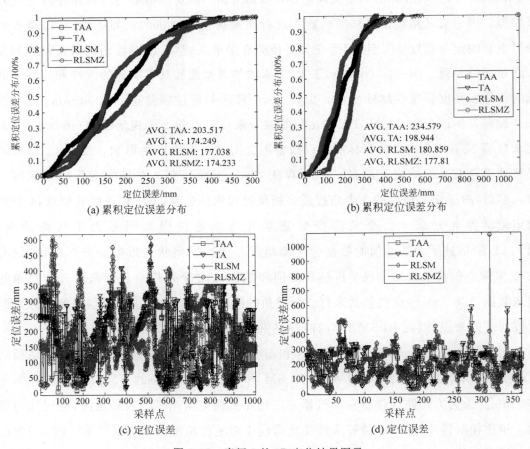

图 6.12　房间 2 的 3D 定位结果图示

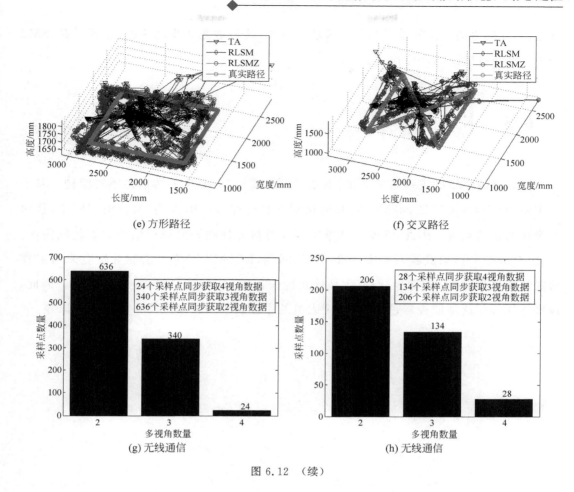

(e) 方形路径   (f) 交叉路径

(g) 无线通信   (h) 无线通信

图 6.12 （续）

差曲线具有明显的波峰和波谷。一个特例的定位误差达到 1000 mm。该现象并未出现在 TA 和 TAA 算法中。由于 TA 算法仅能够融合来自第 1、第 2 个视角的 2D 坐标，TA 算法能够在第 1、第 2 个视角中提出较好的定位精度。来自第 1、第 2 个视角的误报警对于 RLS 算法影响严重，原因是 RLS 算法擅长融合来自多于 2 个视角的数据。图 6.12(f) 显示了交叉路径的定位结果，RLS 算法的 3D 估计坐标与交叉路径的变化趋势保持一致。交叉路径的复杂性使得该路径的定位精度大于其他路径结果。图 6.12(h) 描述了无线通信的数据包传输情况，仅有 28 个采样点包括 4 个视角的同步数据，134 个采样点包括 3 个视角的同步数据，206 个采样点包括 2 个视角的同步数据。由于误差补偿机制能够克服无线通信的缺点，因此 RLSMZ 算法能够提供最佳定位精度，即 177.81 mm。

由于房间 2 比房间 1 距离移动机器人携带的协调器距离显著增加，因此网络通信的丢包现象明显增加，仅包括 2 个视角的同步数据的采样点数量是包括 3 个和 4 个采样点数量的一倍，造成定位算法能够融合的 2D 坐标数据减少，从而定位误差显著增加。

但是,本章提出的误差补偿机制能够成功克服 2D 坐标数据减少的情况,保证了 RLSMZ 算法一直保持较高的定位精度。

6.5　本章小结

针对室内环境的灾难救援系统,本章提出了基于 WMSN 的智能传感器架构。基于 ZigBee 通信协议的特征,本章提出的网状网络具有许多应用属性,如自组织网络、快速部署和信息精确等。因此,该架构能够实现实时目标检测和无线通信的数据传输需求。并且,针对单个移动机器人的实时 3D 定位问题,RLSMZ 定位算法能够融合来自多视角视觉传感器的 2D 图像坐标,有效地修正定位误差,获得精确的 3D 空间坐标。因此,该算法能够广泛地监控彩色头盔、救援人员的彩色制服和移动机器人的彩色标识等。

第7章

基于卡尔曼滤波的时空正则化相关滤波器

近年来,视觉跟踪在计算机视觉的广泛应用中取得了迅速的进展。借助共享代码和数据集,如 OTB-2015 和 Temple Color,可以使用各种评估标准来了解视觉跟踪方法的执行情况,并确定这些领域的未来研究方向。在许多现实场景中,只要可以获得图像序列帧中目标对象的初始状态(如位置和大小),视觉跟踪算法就可以跟踪后续帧中的目标。尽管几十年来,许多研究人员一直在努力提高跟踪性能,但仍然存在许多具有挑战性的问题,如背景杂波、遮挡和视图外移动,并且没有任何一种算法能够在所有场景中都取得优异的性能。因此,设计稳健算法以克服现有跟踪器的弱点至关重要。

目前,许多先进追踪器的源代码已经公开,实时救灾环境中的情景感知已经实现。然而,一些跟踪器采用以增加复杂性为代价提高跟踪精度的策略;相反,一个排名靠前的跟踪器——时空正则化相关滤波器(Spatial-Temporal Regularized Correlation Filter,STRCF)可以实现实时视觉跟踪,并提供比其竞争对手空间正则化区分相关滤波器(Spatially Regularized Discriminative Correlation Filter,SRDCF)更稳健的外观模型。通过多个训练样本,STRCF 可以实现对 SRDCF 的有理逼近,对大的外观变化具有稳健性。通过乘法器交替方向法(Alternating Direction Method of Multiplier,ADMM),可以有效地找到 STRCF 的解。然而,该方法在背景杂波、照明变化、遮挡、平面外旋转和视图外移动方面仍有改进空间。

由于自然灾害的破坏性和人类无法接近的特点,自主移动机器人是探索灾后地区进行救灾的替代方案。卡尔曼滤波器(Kalman Filter,KF)是一种用于定位误差校正以提高移动机器人定位精度的强大解决方案,因为 KF 可以平滑和优化定位算法的目标状态。具体而言,对于无线传感器网络(Wireless Sensor Network,WSN)中的网络盲区等情况,仿真和实验结果表明,基于卡尔曼滤波网格的改进极大似然估计(Kalman-filtered Grid-based Improved Maximum Likelihood Estimation,KGIMLE)可以在节点部署不当导致网络盲点的场景中降低环境噪声并提高定位精度。无线传感器网络中环境噪声和网络盲区的副作用类似于视觉跟踪中的背景杂波、光照变化、遮挡、平面外旋转和视图外运动。因此,一个合理的解决方案是将 KF 与最先进的跟踪器相结合,以校正视觉跟踪误差,并提高计算机视觉各种场景下的性能。

几十年来,KF 一直是视觉跟踪中非常常用的工具。其通常的问题可以总结如下:

(1) 由于未知或忽略的外部输入(即背景杂波、照明变化、遮挡和平面外旋转),实际系统可能倾向于包含一定程度的不可预测性。尽管这些影响无法建模,但它们始终不能被忽略。

(2) 在使用视觉传感器测量输出的过程中,引入了一定程度的传感器噪声,这也会在估计状态中产生误差(即视图外、运动模糊、低分辨率、比例变化和快速运动)。更好的方法是建立可观测性的定量特征,以考虑这些不确定性。为了解决这些问题,首先需要有关过程和测量程序的先验知识。这可以通过组合 KF 和 STRCF 方法来实现。为了将 KF 与 STRCF 相结合,将 STRCF 的当前输出状态作为 KF 算法的初始状态。当出现新实例时,STRCF 首先预测其标签并定位目标的质心;然后,提取目标的当前运动状态,并将信息反馈给 KF 算法。此外,可以通过 KF 模型实现误差校正,以实现目标的稳健定位,并通过更新 KF 模型共享这些知识,包括来自随机动态干扰和传感器噪声(即背景杂波、照明变化、遮挡、平面外旋转和视图外)的均方不确定性。

为了解决在各种场景中跟踪目标状态的视觉跟踪优化问题(Visual Tracking Optimization Problem,VTOP),提出了一种称为基于 KF 的时空正则化相关滤波器(KF-STRCF)的新框架,以平滑和优化具有大规模变化的应用中排名靠前的 STRCF 跟踪器的估计结果。所提出的方法是一种新的框架,用于在背景杂波、光照变化、遮挡、平面外旋转和视图外移动的情况下保持 STRCF 出色的实时跟踪性能并提高跟踪精度。然后,引入了一种步长控制方法来限制所提出框架的输出状态的最大振幅,以克服突然加速和转向导致的目标丢失问题。这项工作的主要贡献可总结如下:

(1) 提出了 VTOP,并提出了一种称为 KF-STRCF 的新框架,用于在具有大规模变化的应用中平滑和优化定位算法的目标状态。为了有效地描述目标的运动并保持 STRCF 出色的实时跟踪性能,提出了一种用于视觉跟踪的 KF 方法,该方法通过使用离散时间卡尔曼估计器优化 STRCF 算法的输出来实现，以克服后续帧中的不稳定性问题。

（2）为了解决突然加速和转向导致的目标丢失问题，提出了一种步长控制方法来限制所提出框架的输出状态的最大振幅。该约束对于真实场景中对象的运动规律是合理的。

（3）为了理解提出的框架的特征，考虑一个命题，证明离散时间卡尔曼估计器的协方差方程没有有限的稳态值，因此没有收敛性。

7.1　时空正则化相关滤波器

对于将空间和时间正则化集成到 DCF 框架中的大外观变化，STRCF 是比 SRDCF 更稳健的外观模型。STRCF 利用 ADMM 算法有效地找到闭式解，并在很少的迭代中经验收敛。凭借手工制作的特征，STRCF 可以实时运行，并实现比 SRDCF 更好的跟踪精度。

对于 STRCF，每个样本 $x_t = \{x_t^1, x_t^2, \cdots, x_t^s\}$ 由大小为 $M \times N$ 的 S 特征图组成，离散采样时间为 t。此外，y_t 是预定义的高斯形标签。通过最小化以下目标函数获得 STRCF 模型：

$$\underset{f_t}{\arg\min} \frac{1}{2}\Big\| \sum_{s=1}^{S}(x_t^s * f_t^s) - y_t \Big\|^2 + \frac{1}{2}\sum_{s=1}^{S}\| w_t \cdot f_t^s \|^2 + \frac{\sigma}{2}\| f_t - f_{t-1} \|^2 \quad (7.1)$$

其中，将 Hadamard 乘积表示为"·"；卷积算子表示为"*"；w_t 和 f_t 分别表示空间正则化矩阵和相关滤波器。此外，将第 $(t-1)$ 帧中的 STRCF 结果表示为 f_{t-1}，惩罚参数表示为 σ。$\sum_{s=1}^{S}\| w_t \cdot f_t^s \|^2$ 和 $\| f_t - f_{t-1} \|^2$ 表示空间正则化子和时间正则化子。

由于上述模型是凸的，STRCF 可以通过 ADMM 算法最小化式（7.1），以获得全局最优解。因此，将辅助变量表示为 g_t，要求 $f_t = g_t$ 和步长参数为 ρ。然后，可以将式（7.1）的增广拉格朗日形式表示为：

$$L(w_t, g_t, h_t) = \frac{1}{2}\Big\| \sum_{s=1}^{S}(x_t^s * f_t^s) - y_t \Big\|^2 + \frac{1}{2}\sum_{s=1}^{S}\| w_t \cdot g_t^s \|^2 +$$
$$\frac{\rho}{2}\sum_{s=1}^{S}\| f_t^s - g_t^s + h_t^s \|^2 + \frac{\sigma}{2}\| f_t - f_{t-1} \|^2 \quad (7.2)$$

其中，$h_t = \frac{1}{\rho}s_t$，s_t 是拉格朗日乘数。

可以通过 ADMM 算法将上述模型分解为以下子问题：

$$
\begin{cases}
\boldsymbol{f}^{(i+1)} = \underset{f_t}{\mathrm{argmin}} \left\| \sum_{s=1}^{S} (\boldsymbol{x}_t^s * \boldsymbol{f}_t^s) - \boldsymbol{y}_t \right\|^2 + \rho \| \boldsymbol{f}_t - \boldsymbol{g}_t + \boldsymbol{h}_t \|^2 + \sigma \| \boldsymbol{f}_t - \boldsymbol{f}_{t-1} \|^2 \\
\boldsymbol{g}^{(i+1)} = \underset{g_t}{\mathrm{argmin}} \sum_{s=1}^{S} \| \boldsymbol{w}_t \cdot \boldsymbol{g}_t^s \|^2 + \rho \| \boldsymbol{f}_t - \boldsymbol{g}_t + \boldsymbol{h}_t \|^2 \\
\boldsymbol{h}^{(i+1)} = \boldsymbol{h}^{(i)} + \boldsymbol{f}^{(i+1)} - \boldsymbol{g}^{(i+1)}
\end{cases}
\tag{7.3}
$$

因此，可以在 Li 的文献中找到 $\boldsymbol{f}_t$、$\boldsymbol{g}_t$ 和 ρ 的解。STRCF 算法的总成本是 $\mathcal{O}(SMN \log(MN) N_M)$，$N_M$ 是最大迭代次数。

尽管 STRCF 可以实现实时视觉跟踪，加速 5 倍，并提供比其竞争对手 SRDCF 更稳健的外观模型，但由于大规模应用变化，它仍然存在不稳定性。幸运的是，笔者提出的框架可以将 KF 集成到 STRCF 模型中以有效地解决问题，因为它可以在数学上传播关于跟踪对象当前运动状态的知识，包括随机动态干扰和传感器噪声的均方不确定性。这些特征对于估计模型的统计分析和设计是有用的。

7.2　基于卡尔曼滤波的时空正则化相关滤波器

由于笔者专注于灾难恢复活动期间的智能监控，因此跟踪对象的连续运动状态是通过人工智能（Artificial Intelligence, AI）了解感兴趣区域（Region of Interest, ROI）中对象行为和目的的关键信息的。一方面，跟踪对象的运动状态应该是连续的，以使当前轨迹相对于先前轨迹平滑。另一方面，跟踪对象的运动状态应该对新实例的修改敏感。因此，Feng 等通过将 KF 算法引入基于网格的改进最大似然估计算法（Grid-based Improved Maximum Likelihood Estimation algorithm, GIMLE）中，通过平滑和优化 GIMLE 的结果来校正定位误差，提出了一种基于 KF 网格的实时改进极大似然估计法（KF Grid-based Improved Maximum Likelihood Estimation algorithm, KGIMLE）。

因此，在 KGIMLE 的激励下，首先引入了 KF 算法，其中 STRCF 的当前输出状态被视为 KF 算法的初始状态。在 KF-STRCF 框架中，当新实例发生时，STRCF 首先预测其标签并定位目标的质心；然后，提取目标的当前运动状态，并将信息反馈给 KF 算法。此外，可以通过 KF 模型实现误差校正，以实现目标的稳健定位，并通过更新 KF 模型共享这些知识，包括来自随机动态干扰和传感器噪声的均方不确定性。

7.2.1　视觉跟踪优化问题

为了阐明笔者的目标，提出了如何实现 KF-STRCF 与 STRCF 相比的最大改进的优化问题。将 Inc 表示为基于曲线下面积（Area Under the Curve，AUC）的成功率增加：

$$\text{Inc} = \text{auc}_{\text{KF-STRCF}} - \text{auc}_{\text{STRCF}} \tag{7.4}$$

因此，$\text{auc}_{\text{KF-STRCF}}$ 和 $\text{auc}_{\text{STRCF}}$ 是 KF-STRCF 和 STRCF 成功率的 AUC 分数。

VTOP 可以公式化为：

$$\underset{\{x_t\},\{f_t^s\},\{\mathrm{d}x_t\}}{\text{maximizeInc}} \tag{7.5}$$

从属于

$$\boldsymbol{x}_t = \{\boldsymbol{x}_t^1, \boldsymbol{x}_t^2, \cdots, \boldsymbol{x}_t^s\}, \tag{7.6}$$

和

$$\mathrm{d}\boldsymbol{x}_t = \begin{cases} \begin{bmatrix} l_t^x & \mathrm{d}t \end{bmatrix}^{\mathrm{T}} & \text{水平方向} \\ \begin{bmatrix} l_t^y & \mathrm{d}t \end{bmatrix}^{\mathrm{T}} & \text{垂直方向} \end{cases} \tag{7.7}$$

其中，$\boldsymbol{x}_t$ 代表每个样本，包括大小为 $M \times N$ 的 S 特征映射，用于离散采样时间 t。f_t^s 是在 t 采样时间的第 s 特征层的 $M \times N$ 卷积滤波器。$\boldsymbol{x}_t$ 是离散时间卡尔曼估计器的目标的运动状态向量。l_t^x 和 l_t^y 是第 t 帧的水平和垂直图像坐标，$l_t^x \in [0,M)$，$l_t^y \in [0,N)$。此外，将 st_t 定义为时间 t 的离散线性系统的特定采样时间。因此，可以获得时间间隔 $\mathrm{d}t$ 作为 $\mathrm{d}t = st_t - st_{t-1}$。

7.2.2　KF 和 STRCF 的整合

为了降低随机动态干扰和传感器噪声的风险，遵循连续思考和离散处理的原则，使用离散时间卡尔曼估计器来描述目标的连续运动状态和新实例的修改。描述从 t 到 $t+1$ 状态转换的系统动态模型可以表示为：

$$\mathrm{d}\boldsymbol{x}_{t+1} = \boldsymbol{M}\mathrm{d}\boldsymbol{x}_t + \boldsymbol{\Gamma}\boldsymbol{u}_t \tag{7.8}$$

其中，$\mathrm{d}\boldsymbol{x}_t$ 是目标的 $n \times 1$ 维运动状态向量，$\boldsymbol{u}_t$ 是用于控制状态的 $r \times 1$ 维确定性输入向量。$\boldsymbol{M}$ 是一个 $n \times n$ 维状态转移矩阵，它是时间不变的。$\boldsymbol{\Gamma}$ 是一个 $n \times r$ 维离散时间输入耦合矩阵，也是时间不变的。

在初始阶段，设计离散时间卡尔曼估计器的系统动态模型参数。利用第一帧的预定义目标位置 $(l_1^{\hat{x}}, l_1^{\hat{y}})$ 作为离散时间模型的输入。然后，设计系统动态模型的等效常数参数，以在特定采样时间之间传播状态向量。首先，使用目标速度 v 来构造状态转移矩阵 $\boldsymbol{M}$：

$$\boldsymbol{M} = \begin{bmatrix} 1 & v \\ 0 & 1 \end{bmatrix} \tag{7.9}$$

其次,使用 $n \times n$ 单位矩阵 $\boldsymbol{I}$ 来描述离散时间输入耦合矩阵 $\boldsymbol{\Gamma}$。最后,基于步长控制方法定义确定性输入向量 $\boldsymbol{u}_t$。

获得每个采样时间 t 的测量值,以定义测量模型。此外,通过应用测量值来更新目标的跟踪结果 $\mathrm{d}\boldsymbol{x}_t$。将测量值 $\boldsymbol{Z}_t$ 和跟踪结果 $\mathrm{d}\boldsymbol{x}_t$ 之间的线性相关方程定义为:

$$\boldsymbol{Z}_t = \mathrm{d}\boldsymbol{x}_t + v \tag{7.10}$$

其中,v 是测量噪声,是常数参数 $[1 \quad 0]^{\mathrm{T}}$。

为了准确描述目标的运动状态,基于 STRCF 的估计结果定义了离散时间卡尔曼估计器的测量模型,因为该算法在具有大规模外观变化的场景中比其他模型更稳健。

基于式(7.1),相关滤波器 $\boldsymbol{f}_t^s$ 是在 t 采样时间的第 s 特征层的 $M \times N$ 卷积滤波器。将滤波器 $\boldsymbol{f}_t$ 对样本 $\boldsymbol{x}_t$ 的卷积响应定义为:

$$R_{f_t}(\boldsymbol{x}_t) = \sum_{s=1}^{S} \boldsymbol{x}_t^s * \boldsymbol{f}_t^s \tag{7.11}$$

通过求解总共 $M \times N$ 的 $S \times S$ 线性方程组,可以得到离散傅里叶变换(Discrete Fourier Transformed,DFT)滤波器:

$$\bar{\boldsymbol{f}}_t^s = \mathcal{D}\{\boldsymbol{f}_t^s\} \tag{7.12}$$

因此,横杆算子表示 DFT 运算,$\mathcal{D}$ 表示 $\boldsymbol{f}_t^s$ 的 DFT 滤波器。

由于 STRCF 以滑动窗口方式评估帧的所有循环移位的分类分数,因此使用 DFT 的卷积特性获得第 t 帧中所有像素的分类分数 $\mathbf{RS}_{f_t}(\boldsymbol{x}_t)$,如下所示:

$$\mathbf{RS}_{f_t}(\boldsymbol{x}_t) = \mathcal{D}^{-1}\left\{ \sum_{s=1}^{S} \bar{\boldsymbol{x}}_t^s \cdot \bar{\boldsymbol{f}}_t^s \right\} \tag{7.13}$$

其中,"·"运算符表示逐点乘法;横杠运算符表示 DFT 运算;而 $\mathcal{D}^{-1}$ 运算符表示 DFT 的逆运算。该方法的时间复杂度为 $\mathcal{O}(SMN\log(MN))$。

此外,在检测阶段,通过在第 $(t-1)$ 帧中应用更新的过滤器 $\bar{\boldsymbol{f}}_{t-1}^s$,在时间 t 的新实例中定位目标。由于在式(7.2)中使用了网格策略,步长 ρ 大于一个像素,因此通过计算 DFT 系数来应用三角多项式,以高效地内插分类分数,见式(7.13)。首先,将分类分数 $\mathbf{RS}_{f_t}(\boldsymbol{x}_t)$ 的 DFT 定义为:

$$\begin{aligned} \bar{\boldsymbol{R}} &= \mathcal{D}\{\mathbf{RS}_{f_t}(\boldsymbol{x}_t)\} \\ &= \sum_{s=1}^{S} \bar{\boldsymbol{x}}_t^s \cdot \bar{\boldsymbol{f}}_t^s \end{aligned} \tag{7.14}$$

其次,将样本 $\boldsymbol{x}_t$ 中第 u 虚单位的图像坐标 (l_t^x, l_t^y) 处的插值检测分数 $d(l_t^x, l_t^y)$ 定义为:

$$d(l_t^x, l_t^y) = \frac{1}{MN} \sum_{m=0}^{M-1} \sum_{n=0}^{N-1} \overline{\boldsymbol{R}}(m,n) e^{u2\pi\left(\frac{m}{M}l_t^x + \frac{n}{N}l_t^y\right)} \tag{7.15}$$

再次，通过评估所有像素位置的检测分数 $d(m,n)$ 来定义最大检测分数 $(l_t^{\hat{x}}, l_t^{\hat{y}})$：

$$(l_t^{\hat{x}}, l_t^{\hat{y}}) = \mathrm{argmax} d(l_t^x, l_t^y) \tag{7.16}$$

其中，图像坐标 (l_t^x, l_t^y) 穿过样本 $\boldsymbol{x}_t$，$(l_t^x, l_t^y) \in [0, M) \times [0, N)$ 中的所有像素位置。hat 算子表示估计值。然后，利用牛顿法找到从像素 $(0,0)$ 开始的最大分数。通过计算式(7.15)中的梯度和 Hessian 的差，在几次迭代后达到收敛。

最后，将 STRCF 算法与离散时间卡尔曼估计器相结合，将 STRCF 的跟踪结果 $(l_t^{\hat{x}}, l_t^{\hat{y}})$ 应用于测量模型：

$$\boldsymbol{z}_t = \begin{cases} \begin{bmatrix} l_t^{\hat{x}} & \mathrm{d}t \end{bmatrix}^{\mathrm{T}} & \text{水平方向} \\ \begin{bmatrix} l_t^{\hat{y}} & \mathrm{d}t \end{bmatrix}^{\mathrm{T}} & \text{垂直方向} \end{cases} \tag{7.17}$$

为了清晰起见，使用了 Nathan 介绍的简化符号。条件为 $\boldsymbol{z}_t$ 的 $\mathrm{d}\boldsymbol{x}_{t+1}$ 的平均值被写为 $\mathrm{d}\hat{\boldsymbol{x}}_{t+1|t}$，并且类似的协方差矩阵被表示为 $\boldsymbol{P}_{t+1|t}$。因此，测量更新步骤确定 $\mathrm{d}\hat{\boldsymbol{x}}_{t+1|t+1}$ 和 $\boldsymbol{P}_{t+1|t+1}$，因为 $\boldsymbol{z}_{t+1}$ 的测量已经应用于该点。

为了获得离散时间卡尔曼估计器的误差协方差，将跟踪结果的传播估计误差的期望值应用为：

$$\boldsymbol{P}_{t+1|t} = E((\mathrm{d}\boldsymbol{x}_{t+1} - \mathrm{d}\hat{\boldsymbol{x}}_{t+1|t})(\mathrm{d}\boldsymbol{x}_{t+1} - \mathrm{d}\hat{\boldsymbol{x}}_{t+1|t})^{\mathrm{T}} \tag{7.18}$$

而 $t+1$ 处的状态估计的先验值为：

$$\mathrm{d}\hat{\boldsymbol{x}}_{t+1|t} = \boldsymbol{M}\mathrm{d}\hat{\boldsymbol{x}}_{t|t} \tag{7.19}$$

因此，$\mathrm{d}\hat{\boldsymbol{x}}_{t+1|t}$ 是 $\mathrm{d}\boldsymbol{x}_t$ 的先验估计，$\mathrm{d}\hat{\boldsymbol{x}}_{t|t}$ 是 $\mathrm{d}\boldsymbol{x}_t$ 的后验估计。

可以获得误差协方差矩阵：

$$\begin{aligned} \boldsymbol{P}_{t+1|t} &\overset{\mathrm{def}}{=} E((\mathrm{d}\boldsymbol{x}_{t+1} - \mathrm{d}\hat{\boldsymbol{x}}_{t+1|t})(\mathrm{d}\boldsymbol{x}_{t+1} - \mathrm{d}\hat{\boldsymbol{x}}_{t+1|t})^{\mathrm{T}} \\ &= E((\boldsymbol{M}\mathrm{d}\boldsymbol{x}_t + \boldsymbol{\Gamma}\boldsymbol{u}_t - \boldsymbol{M}\mathrm{d}\hat{\boldsymbol{x}}_{t|t})(\boldsymbol{M}\mathrm{d}\boldsymbol{x}_t + \boldsymbol{\Gamma}\boldsymbol{u}_t - \boldsymbol{M}\mathrm{d}\hat{\boldsymbol{x}}_{t|t})^{\mathrm{T}} \\ &= \boldsymbol{M}\boldsymbol{P}_{t|t}\boldsymbol{M}^{\mathrm{T}} + \boldsymbol{Q} \end{aligned} \tag{7.20}$$

可以将 $\boldsymbol{Q}$ 定义为环境噪声矩阵，即 $e\boldsymbol{I}$，其中 e 是环境噪声，$\boldsymbol{I}$ 是 $n \times n$ 单位矩阵。因此，这意味着时间 t 的误差协方差矩阵的先验值是时间 $t|t$ 后验值的函数。

先验协方差矩阵式(7.18)满足以下等式：

$$[\boldsymbol{I} - \boldsymbol{K}_{t+1}]\boldsymbol{P}_{t+1|t} - \boldsymbol{K}_{t+1}\boldsymbol{R} = 0 \tag{7.21}$$

因此，可以获得卡尔曼增益为：

$$K_{t+1} = P_{t+1|t} [P_{t+1|t} + R]^{-1} \tag{7.22}$$

因此，R 是 $n \times n$ 测量噪声矩阵，它只是时间不变矩阵 eI。

此外，可以获得基于式（7.18）的后验协方差矩阵的类似方程：

$$P_{t+1|t+1} = E((dx_{t+1} - d\hat{x}_{t+1|t+1})(dx_{t+1} - d\hat{x}_{t+1|t+1})^T) \tag{7.23}$$

因此，可以获得状态估计观测的更新方程为：

$$d\hat{x}_{t+1|t+1} = (I - K_{t+1})d\hat{x}_{t+1|t} + K_{t+1}z_{t+1} \tag{7.24}$$

$$d\hat{x}_{t+1|t+1} = d\hat{x}_{t+1|t} + K_{t+1}[z_{t+1} - d\hat{x}_{t+1|t}] \tag{7.25}$$

最后，基于期望值 $E((dx_{t+1} - d\hat{x}_{t+1|t})v_t^T) = 0$ 和式（7.23），可以获得误差协方差的更新方程为：

$$P_{t+1|t+1} = E([I - K_{t+1}](dx_{t+1} - d\hat{x}_{t+1|t})(dx_{t+1} - d\hat{x}_{t+1|t})^T[I - K_{t+1}]^T + K_{t+1}vv^T K_{t+1}^T)$$

$$= (I - K_{t+1})P_{t+1|t}(I - K_{t+1})^T + K_{t+1}RK_{t+1}^T$$

$$= (I - K_{t+1})P_{t+1|t} \tag{7.26}$$

此外，离散时间卡尔曼估计器的一个突出特征是，即使没有采样的协方差方程是不稳定的，使用测量获得的估计不确定性的协方差等式仍然具有有限的稳态值。考虑到没有测量的情况，必须确定协方差方程的稳定性。因此，当 t 趋于正无穷大时，解趋于有限常数值。

定理 1：设采样时间为 $t \to +\infty$，将协方差方程定义为：

$$P_\infty = MP_\infty M^T + Q \tag{7.27}$$

如果将 M 定义为式（7.9），则协方差方程没有有限的稳态值，它独立于协方差 P 的初始值。

证明：由于将 M 定义为式（7.9），可以将特征值计算为：

$$|M - \lambda I| = \begin{vmatrix} 1 - \lambda & 50 \\ 0 & 1 - \lambda \end{vmatrix} = (1 - \lambda)^2 = 0 \tag{7.28}$$

因此，M 的特征值为唯一值 1。其复数形式为 $1 + 0i$，其在复平面上的位置为 $(1,0)$。由于点不在单位圆内，协方差方程没有解，因此没有收敛。

离散时间卡尔曼估计器的协方差方程不收敛的含义可以表示如下：对于离散时间卡尔曼估计器，使用测量获得的协方差方程的估计不确定性随着时间逐渐减小，直到达到有限稳态值。此时，协方差方程的估计不确定性最小，在稳态条件下预测误差也最小。因此，稳态跟踪精度可以作为分析视觉跟踪算法性能的重要依据。然而，协方差方程没有有限的稳态值，因此没有收敛性。这意味着预测误差在时间上没有最小值，因为无法达到有限稳态值。

7.2.3　步长控制方法

在现实世界中,跟踪目标可以自由改变速度和方向。当突然加速和转向变化发生时,跟踪算法可能无法进行正确的调整,使得跟踪目标在边界框中丢失。为了解决这个问题,笔者提出了一种步长控制方法来限制框架输出状态的最大振幅。相对于真实场景中物体的运动规律,约束是合理的解决方案。

为了更清楚地说明 KF-STRCF,图 7.1 描述了笔者框架的系统架构。在大规模应用(即 OTB-2015 数据集中的 dragonbaby)中,基于式(7.8)和式(7.10)建立了离散时间系统测量,并采用状态转移矩阵 $\boldsymbol{M}$ 和输入耦合矩阵 $\boldsymbol{\Gamma}$。为了将 STRCF 集成到框架中以利用稳健的外观模型,利用式(7.12)和式(7.13)获得第 t 帧(即 dragonbaby 的第 65 帧)中所有像素的分类分数 $\mathbf{RS}_{f_t}(\boldsymbol{x}_t)$。此外,借助式(7.14)和式(7.15)获得图像坐标 (l_t^x, l_t^y) 处的插值检测分数 $d(l_t^x, l_t^y)$。此外,可以通过式(7.16)评估所有像素位置处的检测分数 $d(m, n)$ 来确定最大检测分数 $(l_t^{\hat{x}}, l_t^{\hat{y}})$,这也是离散时间卡尔曼估计器的测量值 $\boldsymbol{z}_t$。因此,可以通过笔者框架的离散时间复制子系统中的式(7.25)获得状态估计观测的更新方程。最后,在本小节中应用步长控制方法,纠正由于突然加速和转向变化导致的跟踪算法故障导致的显著偏差。dragonbaby 第 65 帧的竞争性实验结果表明,当 STRCF 失败时,KF-STRCF 可以成功地将目标定位在边界框中。在实验分析部分讨论的非模糊视频中,KF-STRCF 表现出色。

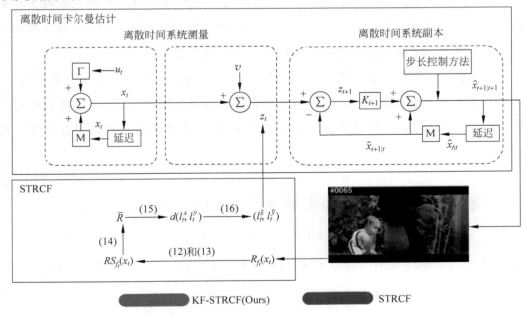

图 7.1　1D_VGGNet 架构

接下来，详细介绍步长控制方法。首先，为了有效地控制跟踪结果的步长，必须分析框架的输入和输出状态。因此，应用奇异值分解（Singular Value Decomposition, SVD）来深入研究状态矩阵的特征。将 SVD 函数定义为

$$[\boldsymbol{L}^*,\boldsymbol{D}^*,\boldsymbol{R}^*]=\text{svd}(\boldsymbol{x}) \tag{7.29}$$

其中，$\boldsymbol{x}$ 是目标的 $n\times 1$ 维运动状态向量；如果 $\boldsymbol{x}=\text{d}\boldsymbol{x}_t$，则这是笔者提出的框架的输入状态；如果 $\boldsymbol{x}=\text{d}\hat{\boldsymbol{x}}_{t+1|t+1}$，则这是笔者提出的框架的输出状态。$\text{svd}(\cdot)$ 函数将 $\boldsymbol{x}$ 分解为 $\boldsymbol{x}=\boldsymbol{L}^*\boldsymbol{D}^*\boldsymbol{R}^*$。$\boldsymbol{L}^*$ 是一个 $n\times n$ 维矩阵，其列为 $\boldsymbol{x}$ 的左特征向量。$\boldsymbol{D}^*$ 是一个 $n\times 1$ 维矩阵，其主对角线为按降序排列的非负奇异值 x，其他位置的元素为 0。$\boldsymbol{R}^*$ 是一个单一值，即 $\boldsymbol{x}$ 的右特征向量。

其次，通过找到 SVD 矩阵中的最大值来获得最大奇异值，即 $\boldsymbol{x}$ 的欧几里得范数，定义为

$$n^*(\boldsymbol{x})=(\boldsymbol{L}^*,\boldsymbol{D}^*,\boldsymbol{R}^*) \tag{7.30}$$

再次，根据输入状态 $\text{d}\boldsymbol{x}_t$ 和输出状态 $\text{d}\hat{\boldsymbol{x}}_{t+1|t+1}$ 的最大奇异值之间的差异，更新时间 $t\geqslant 0$ 的确定性输入向量为

$$\hat{\boldsymbol{u}}_{t+1}=\begin{cases}\boldsymbol{u}_t-\text{e}, & n^*(\text{d}\hat{\boldsymbol{x}}_{t+1|t+1})>n^*(\text{d}\boldsymbol{x}_t),t\geqslant 0\\ \boldsymbol{u}_t, & n^*(\text{d}\hat{\boldsymbol{x}}_{t+1|t+1})=n^*(\text{d}\boldsymbol{x}_t),t\geqslant 0\\ \boldsymbol{u}_t+\text{e}, & n^*(\text{d}\hat{\boldsymbol{x}}_{t+1|t+1})<n^*(\text{d}\boldsymbol{x}_t),t\geqslant 0\end{cases} \tag{7.31}$$

因此，可以根据框架的输入和输出状态之间的关系自动略微增加或减少确定性输入向量 $\hat{\boldsymbol{u}}_{t+1|t+1}$。此外，得到了 $\hat{\boldsymbol{u}}_{t+1}=\boldsymbol{u}_t\times 0,t<0$；$t<0$ 表示接近输入控制。该策略可以逐渐平滑由突然加速和转向变化引起的跟踪结果的剧烈波动。

最后，为了纠正由于跟踪算法失败导致的显著偏差，笔者提出了最大步长约束，以将框架的输出状态限制在合理范围内。因此，如果跟踪算法无法在边界框中定位目标，则所提出的约束提供了符合真实场景中目标运动规律的合理结果。将最大步长定义为

$$\text{len}_{\max}=v\times \text{d}t \tag{7.32}$$

可以通过将约束应用于以下条件，将跟踪目标限制在合理范围内：

$$\text{d}\hat{\boldsymbol{x}}_{t+1|t+1}(1,1)=\begin{cases}\text{d}\boldsymbol{x}_t(1,1)+\text{len}_{\max}, & \text{d}\hat{\boldsymbol{x}}_{t+1|t+1}(1,1)>\text{d}\boldsymbol{x}_t(1,1)+\text{len}_{\max}\\ \text{d}\boldsymbol{x}_t(1,1)+\text{len}_{\max}, & \text{d}\hat{\boldsymbol{x}}_{t+1|t+1}(1,1)<\text{d}\boldsymbol{x}_t(1,1)-\text{len}_{\max}\\ \text{d}\hat{\boldsymbol{x}}_{t+1|t+1}(1,1)\end{cases}$$

$$\tag{7.33}$$

其中，$\mathrm{d}\hat{\boldsymbol{x}}_{t+1|t+1}(1,1)$ 和 $\mathrm{d}\boldsymbol{x}_t(1,1)$ 分别是 $\mathrm{d}\hat{\boldsymbol{x}}_{t+1|t+1}$ 和 $\mathrm{d}\boldsymbol{x}_t$ 的第 1 行和第 1 列元素。因此，无论跟踪目标改变速度和方向的能力如何，目标的最大步长应约束在 $\mathrm{len}_{\max}$ 内。这种方法为跟踪目标建立了一个合理的区域，即使跟踪算法失败。

7.3　实验与分析

在此，对笔者提出的框架进行了全面评估。实验在三个基准数据集上进行：OTB-2013、OTB-2015 和 Temple Color。

7.3.1　框架参数

实验使用 MATLAB R2018b 进行。计算机的操作系统为 Windows 10 64 位，CPU 为 i7-4500U，具有 2 个内核和 4 个线程，RAM 为 8 GB、1600 MHz，GPU 为 AMD Radeon HD 8870 M，具有 775 MHz 内核时钟和 2048 MB 图形内存。

框架参数如表 7.1 所示。为了在框架中实现 STRCF 的高性能，将惩罚因子 σ 和初始步长参数 ρ 分别设置为 16 和 10。然后提取灰度、方向梯度直方图（Histogram of Oriented Gradient，HOG）和颜色名称（Color Names，CN）特征来描述跟踪目标。此外，为了提高计算效率，将最大迭代次数 N_M 设置为 2。由于需要框架能够适应大规模应用变化，因此集成离散时间卡尔曼估计器的参数应在所有情况下保持一致和适当。因此，将时间间隔 dt、速度 v 和环境噪声 e 分别设置为 0.5、50 和 1.0×10^{-3}。最后，将不变矩阵维数 n 和 r、初始确定性输入向量 $\boldsymbol{u}_0$ 和初始误差协方差矩阵 $\boldsymbol{P}_{0+1|0+1}$ 设置为 2、2、$\begin{bmatrix} 1 & 1 \end{bmatrix}^{\mathrm{T}}$ 和 $\begin{bmatrix} 1 & 1 \\ 1 & 1 \end{bmatrix}$。

表 7.1　框架参数

参　　数	值	参　　数	值
惩罚因子（σ）	16	时间间隔（dt）	0.5
初始步长参数（ρ）	10	跟踪目标的速度（v）	50
特征图（S）	3	环境噪声（e）	1.0×10^{-3}
最大迭代次数（N_M）	2	初始确定性输入向量（$\boldsymbol{u}_0$）	$\begin{bmatrix} 1 & 1 \end{bmatrix}^{\mathrm{T}}$
矩阵维数（n,r）	2,2	初始误差协方差矩阵（$\boldsymbol{P}_{0+1|0+1}$）	$\begin{bmatrix} 1 & 1 \\ 1 & 1 \end{bmatrix}$

7.3.2　OTB-2013 数据集

为了评估框架的性能,将笔者的框架与文献中的 30 种最先进的跟踪器进行了比较: CPF、KMS、SMS、Frag、OAB、IVT、SBT、MIL、BSBT、TLD、VTD、CXT、LSK、Struck、VTS、ASLA、DFT、L1APG、LOT、MTT、ORIA、SCM、CSK、CT、STRCF,以及 VIVIVID 跟踪器,包括 VR-V(方差比)、TM-V(模板匹配)、RS-V(比移)、PD-V(峰值差)和 MS-V(均值漂移)。

为了评估初始化对框架的影响,使用一次通过评估(One-Pass Evaluation,OPE)在第一帧中使用对象真实状态初始化笔者的框架,并报告所有 50 个视频中前 10 名跟踪器的成功率。此外,由于大多数跟踪器对初始化敏感,使用两个初始化标准,空间稳健性(Spatial Robustness,SRE)和时间稳健性(Temporal Robustness,TRE)来评估框架的稳健性。SRE 准则初始化第一帧中接近真实值的 12 个目标位置,并对每个视频重复跟踪过程。TRE 准则在 20 个不同的帧上使用目标真实值初始化算法。

此外,为了评估框架对于具有大规模应用程序变化的场景的适用性,采用了基于属性的分析,通过注释具有 11 个不同属性的 50 个视频来分析框架。最能反映算法性能的主要属性是背景杂波、照明变化、遮挡、平面外旋转和视图外移动。

表 7.2 的第一部分显示了基于 AUC 的 OPE 评估度量的各种重叠阈值的成功率。对于基于背景杂波属性的 21 种场景,算法的得分为 0.651,比最佳 STRCF 算法的得分高 4.16%。对于基于不可见属性的 6 种场景,算法实现了与最佳跟踪器(STRCF)几乎相同的性能,0.631 对比 0.632。对于基于遮挡属性的 29 种场景,KF-STRCF 获得了 0.682,比现有最佳 STRCF 算法高出 3%。对于基于平面外旋转属性的 39 种场景,KF-STRCF 算法略优于现有的最佳 STRCF 算法,0.677 对比 0.663。对于基于光照变化属性的 25 种场景,算法比现有的最佳 STRCF 算法高出 3.56%。对于 OTB-2013 中定义的所有 11 个属性,KF-STRCF 提供了最佳结果,比现有的最佳 STRCF 算法高出 1.62%,0.689 对比 0.678。因此,框架在第一帧中提供的对象真实状态下实现了最佳性能。

表 7.2 的第二部分介绍了 KF-STRCF 的稳健性评估。表的上半部分显示了根据 AUC 的 SRE 成功率排名前三的跟踪者。对于这 5 个属性,算法的性能分数略低于现有的最佳 STRCF 算法。然而,即使在背景杂波属性的最坏情况下,框架也实现了 Inc= -0.006,即 0.549 对比 0.555。对于所有 11 个属性,KF-STRCF 提供了更稳健的结果,0.605 对比 0.606,Inc= -0.001。然而,得分比第三名跟踪器 Struck 的得分高出

37.81%,0.605 对比 0.439。因此,KF-STRCF 可以保持 STRCF 的空间稳健性,性能仅略有下降,因为离散时间卡尔曼估计器增加了空间变化引起的框架干扰。

表 7.2 基于成功率的 50 个视频框架的稳健性评估

稳健性评估	跟踪器	背景杂波 (21)	视图外(6)	遮挡(29)	平面外旋转 (39)	光照变化 (25)	全部(50)
OPE 成功率	STRCF	0.625	0.632	0.662	0.663	0.618	0.678
	KF-STRCF	0.651	0.631	0.682	0.677	0.640	0.689
	第三名跟踪器	0.458 (Struck)	0.467 (LOT)	0.487 (SCM)	0.470 (SCM)	0.473 (SCM)	0.499 (SCM)
	Inc(**AUC**)	**0.026**	**−0.001**	**0.020**	**0.014**	**0.022**	**0.011**
SRE 成功率	STRCF	0.555	0.577	0.600	0.591	0.554	0.606
	KF-STRCF	0.549	0.573	0.599	0.589	0.550	0.605
	第三名跟踪器	0.410 (ASLA)	0.421 (Struck)	0.405 (Struck)	0.409 (Struck)	0.406 (ASLA)	0.439 (Struck)
	Inc(**AUC**)	**−0.006**	**−0.004**	**−0.001**	**−0.002**	**−0.004**	**−0.001**
TRE 成功率	STRCF	0.637	0.650	0.663	0.656	0.629	0.678
	KF-STRCF	0.644	0.648	0.667	0.658	0.636	0.680
	第三名跟踪器	0.478 (Struck)	0.434 (TLD)	0.502 (SCM)	0.480 (SCM)	0.486 (Struck)	0.514 (Struck)
	Inc(**AUC**)	**0.007**	**−0.002**	**0.004**	**0.002**	**0.007**	**0.002**

表 7.2 的第三部分显示了基于 AUC 的前 3 名跟踪器的 TRE 成功率。对于大多数属性,算法的性能分数高于现有的最佳 STRCF 算法。最好的情况是背景杂波和光照变化属性,框架实现了 Inc=0.007,0.644 对比 0.637,以及 0.636 对比 0.629。最坏的情况发生在视图外属性中,Inc=−0.002;然而,性能得分仍然比排名第三的 TLD 高出 49.31%。对于所有属性,KF-STRCF 表现出最佳性能,Inc=0.002。因此,KF-STRCF 比 STRCF 对时间变化更具稳健性,因为离散时间卡尔曼估计器可以平滑由时间变化引起的框架干扰。

笔者提供了 50 个视频的框架的总体 OPE 和 TRE 分析。图 7.2(a)显示了 OPE 的成功图。使用 AUC 对跟踪器进行排名,图例中仅显示前 10 名跟踪器。在所有跟踪器中,KF-STRCF 和 STRCF 远远优于其他跟踪器。笔者的框架比排名第三的跟踪器 SCM 高出 38.1%,0.689 对比 0.499;根据 AUC,排名第十的追踪者 CSK 上涨了 73.1%,0.689 对比 0.398。图 7.2(b)显示了 TRE 的成功图。图 7.2(b)与图 7.2(a)处于完全相同的状态。该框架显著优于排名第三的跟踪器,增长了 32.3%,0.680 对比

0.514；根据 AUC，比排名第十的跟踪器 TLD 增长了 51.8％，0.680 对比 0.448。因此，笔者的框架始终放在首位。

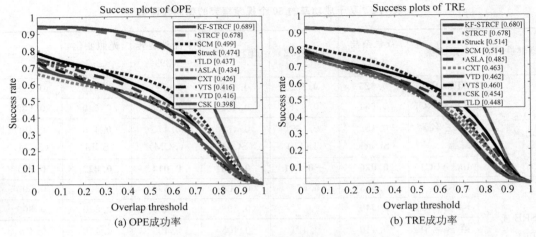

图 7.2 使用 50 个视频对框架进行 OPE 和 TRE 分析

7.3.3 OTB-2015 数据集

此外，基于 OTB-2015 基准，使用与 OTB-2013 相同的设置，将实验从 50 个视频扩展到 100 个视频，以进行公平比较。由于框架在 OPE 和 TRE 初始化标准方面提供了更好的性能，而 SRE 初始化标准的性能相对较差，因此仅给出了 OPE 和 TRE 初始化标准的实验结果。此外，为了更好地验证框架的性能，使用精度图来表示基于各种定位误差阈值的精确率。该方法是描述框架跟踪精度的有力补充。

1. OTB-2015 的 100 个视频

表 7.3 的上半部分显示了基于 100 个视频序列的 AUC 的 OPE 评估度量的成功率。对于 31 种基于背景杂波属性的情况，算法的得分为 0.660，比其最接近的竞争对手 STRCF 高出 2.8％。对于 14 个基于视图外属性的情况，算法得分为 0.586，比 STRCF 高出 2.45％。对于基于平面外旋转属性的 63 种场景，KF-STRCF 实现了 AUC 得分为 0.634，比现有最佳 STRCF 算法高出 1.28％。对于其余两个属性，KF-STRCF 始终优于竞争对手。在所有 11 项属性中，KF-STRCF 均优于所有竞争对手。因此，框架在 OPE 度量方面始终为具有大规模应用程序变化的场景提供最佳性能。

表 7.3 基于成功率和准确率的 100 个视频框架的 OPE 分析

方法论	跟踪器	背景杂波（31）	视图外(14)	遮挡(49)	平面外旋转（63）	光照变化（38）	全部(100)
成功率	STRCF	0.642	0.572	0.612	0.626	0.652	0.652
	KF-STRCF	0.660	0.586	0.623	0.634	0.665	0.653
	第三名跟踪器	0.433 (Struck)	0.374 (Struck)	0.391 (Struck)	0.424 (Struck)	0.420 (Struck)	0.461 (Struck)
	Inc(**AUC**)	**0.018**	**0.014**	**0.011**	**0.008**	**0.013**	**0.001**
准确率	STRCF	0.787	0.683	0.745	0.775	0.773	0.790
	KF-STRCF	0.803	0.706	0.755	0.781	0.786	0.787
	第三名跟踪器	0.539 (Struck)	0.451 (Struck)	0.505 (Struck)	0.557 (Struck)	0.529 (Struck)	0.596 (Struck)
	Inc(**AUC**)	**0.016**	**0.023**	**0.010**	**0.006**	**0.013**	**−0.003**

表 7.3 的下半部分显示了与基于 AUC 的 OPE 精度图相关的前 3 个跟踪器。最佳改进发生在视图外属性上。框架的 AUC 比其竞争对手 STRCF 高 3.37%，0.706 对比 0.683。即使对于基于平面外旋转的最多 63 个场景，算法的分数也略高于 STRCF(Inc= 0.006)。对于其余三个属性，算法比 STRCF 至少高出 0.01。对于所有 11 个属性，KF-STRCF 得分为 0.787，并提供了第二名的定位结果。因此，KF-STRCF 提高了以 5 个属性为特征的场景中的定位精度，但对于其余属性，定位精度略有不稳定，因为离散时间卡尔曼估计器可以克服少量环境噪声的影响，而不会在跟踪过程中出现大的波动。

表 7.4 的第一种评估方法描述了基于 AUC 的前 2 名跟踪器的 TRE 成功率。第 3 列、第 5 列、第 6 列和第 7 列中的 4 个属性的结果显示，性能得分有所增加，但增幅仅约为 0.005。14 个视频序列的视图外属性的结果为 Inc= −0.001。对于所有 100 个视频的所有 11 个属性，KF-STRCF 实现了几乎相同的性能，Inc= −0.003。因此，由于离散时间卡尔曼估计器可以有效地校正由时间变化引起的偏差，因此 KF-STRCF 可以为大规模应用中受时间变化影响的场景中的背景杂波、光照变化、遮挡和平面外旋转属性提供比 STRCF 更稳健的结果。

表 7.4 的第二种评估方法描述了基于 AUC 的 100 个视频的 TRE 准确率。31 种背景杂波和 38 种基于光照变化属性的情况显示了最佳结果，Inc= 0.007。此外，49 个遮挡和 63 个基于平面外旋转属性的情况显示增加了大约 0.005。相比之下，14 种视图外属性的表现与竞争对手 STRCF 几乎相同。对于 100 个视频的所有 11 个属性，KF-STRCF 的性能仅略差于 STRCF。因此，由于离散时间卡尔曼估计器能够适应复杂环

境变化的影响,因此 KF-STRCF 对于复杂环境中的背景杂波、光照变化、遮挡和平面外旋转属性具有稳健性。

表 7.4　基于成功率和准确率的 100 个视频框架的 TRE 分析

方法论	跟踪器	背景杂波(31)	视图外(14)	遮挡(49)	平面外旋转(63)	光照变化(38)	全部(100)
成功率	STRCF	0.652	0.546	0.607	0.614	0.654	0.649
	KF-STRCF	0.657	0.545	0.611	0.617	0.660	0.646
	Inc(**AUC**)	**0.005**	**−0.001**	**0.004**	**0.003**	**0.006**	**−0.003**
准确率	STRCF	0.776	0.649	0.727	0.746	0.762	0.771
	KF-STRCF	0.783	0.648	0.732	0.749	0.769	0.765
	Inc(**AUC**)	**0.007**	**−0.001**	**0.005**	**0.003**	**0.007**	**−0.006**

2. OTB-2015 排除模糊视频

接下来对 100 个视频序列进行定量分析,筛选出 7 个效果最差的视频。在视频记录过程中,这些视频序列中的摄像机剧烈和不规则地抖动,导致图像模糊和目标位置剧烈抖动。因此,这些视频可分为模糊视频:blurbody、blurcar1、blurcar2、blurcar3、blurcar4、blurface 和 blurowl。排除这些模糊视频,并基于 93 个视频序列执行 OPE 和 TRE 分析,以进一步评估框架的性能。

表 7.5 描述了 93 个视频框架的 OPE 分析。笔者展示了 KF-STRCF 和竞争对手 STRCF 的成功率和准确率的 AUC。KF-STRCF 在 5 个属性和总体评估方面优于 STRCF。视图外属性的最大增长率为 3.37%,平均增长率约为 1.8%。此外,5 个属性的视频序列总数与所有 100 个视频的实验中相同。因此,在 7 个模糊视频中找不到这 5 个属性,KF-STRCF 的性能总是优于 STRCF。

表 7.5　基于成功率和准确率的没有模糊视频框架的 OPE 分析

方法论	跟踪器	背景杂波(31)	视图外(14)	遮挡(49)	平面外旋转(63)	光照变化(38)	全部(93)
成功率	STRCF	0.642	0.572	0.612	0.626	0.652	0.639
	KFwoS-STRCF	0.658	0.587	0.626	0.635	0.665	0.645
	KF-STRCF	0.660	0.586	0.623	0.634	0.665	0.645
	Inc(**AUC**)	**2.80**	**2.45**	**1.80**	**1.28**	**1.99**	**0.94**

续表

方法论	跟踪器	背景杂波 (31)	视图外(14)	遮挡(49)	平面外旋转 (63)	光照变化 (38)	全部(93)
准确率	STRCF	0.787	0.683	0.745	0.775	0.773	0.781
	KFwoS- STRCF	0.801	0.708	0.759	0.782	0.784	0.788
	KF-STRCF	0.803	0.706	0.755	0.781	0.786	0.787
	Inc(**AUC**)	**2.03**	**3.37**	**1.34**	**0.77**	**1.68**	**0.77**

表 7.6 还描述了框架在成功率和准确率方面对 93 个视频的 TRE 分析。由于离散时间卡尔曼估计器结合了视频序列的时间正则化,KF-STRCF 实现了比 STRCF 更稳健的性能。尽管在成功率和准确率方面的改进仅限于 0.31% 和 0.39%,但 93 个视频包含现实世界中发现的大规模变化。因此,KF-STRCF 可以准确描述非模糊场景的运动信息,并在实际应用中提供稳健的跟踪结果。

表 7.6　基于成功率和准确率的没有模糊视频框架的 TRE 分析

跟　踪　器	成功率(AUC)	准确率(AUC)
STRCF	0.635	0.761
KFwoS-STRCF	0.637	0.764
KF-STRCF	0.637	0.764
Inc(%)	**0.31**	**0.39**

此外,在表 7.5 和表 7.6 中给出了与 KF-STRCF 和 KF 不使用步长控制方法的 STRCF(KFwoS-STRCF)的相同比较。虽然 KF-STRCF 在背景杂波和光照变化属性方面总体上取得了较小的进步,但在成功率和准确率的 AUC 方面,它的性能几乎与 KFwoS-STRCF 相同,波动小于 0.004。因此,步长控制方法无法持续改善离散时间卡尔曼估计器在大规模应用变化情况下的 OPE 和 TRE 度量方面的性能。

3. OTB-2015 中 12 个视频的显著改进

接下来,深入分析实验数据,并选择 12 个效果最好的视频序列,可以将这 12 个视频分为两类:8 个非模糊视频的快速移动目标(即 basketball、bolt2、dancer、dragonbaby、football、matrix、skater2 和 soccer)和 4 个非模糊视频的尺度变化目标(如 bird1、carscale、David 和 panda)。结果表明,KF-STRCF 在大多数非模糊视频中都取得了良好的跟踪结果。

对图 7.3 中前 6 行的 6 个非模糊视频的快速移动目标(即 basketball、bolt2、dancer、

dragonbaby、football、matrix、skater2 和 soccer)的框架进行了定性评估。对于第一排的篮球比赛,目标具有变形的非刚体。KF-STRCF 在第 86 帧和第 96 帧中实现了比 STRCF 更好的定位精度。在剩下的 4 帧中,STRCF 完全丢失了边界框中的目标,但 KF-STRCF 始终可以精确地定位边界框内的目标。对于第二排的 bolt2 事件,STRCF 在所有 6 帧中跟踪不正确的目标,而 KF-STRCF 由于离散时间卡尔曼估计器而理解目标的运动信息并成功跟踪目标。第 5 排的 skater2 也出现了类似情况。对于第 3 排、第

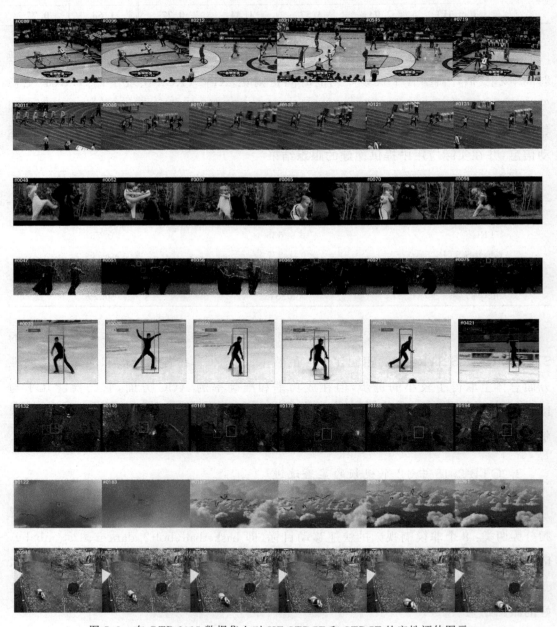

图 7.3　在 OTB-2015 数据集上对 KF-STRCF 和 STRCF 的定性评估图示

4排和第6排的dragonbaby、matrix和足球赛事,人脸跟踪具有挑战性:STRCF很快失去跟踪目标,但KF-STRCF在复杂环境中成功跟踪目标。结果表明,KF-STRCF能够解释非模糊视频的快速移动目标的运动信息,并且在复杂环境中优于STRCF。

图7.3的底部两行显示了对2个非模糊视频的尺度变化目标(即bird1和panda)框架的定性评估。对于第7行中的bird1事件,目标的特征是大量变形和遮挡属性。STRCF无法适应这种干扰,完全失去目标;然而,KF-STRCF能够克服这些挑战并取得精确的结果。对于最后一行的熊猫事件,目标的特征是尺度变化、变形和低分辨率属性。STRCF即使使用静态摄像机,完全失去目标,但KF-STRCF可以克服挑战并成功跟踪目标。

表7.7的上半部分显示了基于AUC的12个视频的OPE评估指标的成功率。对于5种基于背景杂波属性的情况,KF-STRCF算法得分为0.588,比STRCF高25.64%。对于3种基于视图外属性的情况,KF-STRCF算法得分为0.436。尽管该值小于所有100个视频的0.586,但仍比STRCF的0.364高19.78%。对于8种基于遮挡属性的情况,KF-STRCF达到0.611,比STRCF高17.95%。对于基于平面外旋转属性的10种场景,KF-STRCF达到0.620,比STRCF高13.55%。对于光照变化属性的4种情况,KF-STRCF算法比STRCF高出29.74%。对于全部12个视频和所有11个属性,KF-STRCF算法比STRCF高出13.32%。因此,该框架能够准确描述运动信息,因为离散时间卡尔曼估计器克服了导致STRCF失败的挑战。

表7.7　基于成功率和准确率的12个视频框架的OPE分析

方法论	跟踪器	背景杂波	视图外	遮挡	平面外旋转	光照变化	全部
成功率	STRCF	0.468	0.364	0.518	0.546	0.464	0.518
	KFwoS-STRCF	0.574	0.444	0.612	0.608	0.598	0.572
	KF-STRCF	0.588	0.436	0.611	0.620	0.602	0.587
	Inc(AUC)	**25.64**	**19.78**	**17.95**	**13.55**	**29.74**	**13.32**
准确率	STRCF	0.674	0.587	0.715	0.727	0.644	0.701
	KFwoS-STRCF	0.769	0.715	0.805	0.780	0.758	0.760
	KF-STRCF	0.780	0.699	0.805	0.797	0.771	0.774
	Inc(AUC)	**15.73**	**19.08**	**12.59**	**9.63**	**19.72**	**10.41**

表7.7的下半部分显示了基于AUC的12个视频的OPE准确率的结果。KF-STRCF在5个属性和总体评估方面优于STRCF。对于背景杂波属性,KF-STRCF算法的AUC比竞争对手高15.73%。对于视图外和光照变化属性,KF-STRCF优于STRCF大约19.72%。对于遮挡和平面外旋转属性以及整体评估,KF-STRCF比

STRCF 高出约 10%。因此,离散时间卡尔曼估计器有效地克服了所有属性对跟踪过程的影响,并获得了最佳结果。

此外,在表 7.7 中给出了与 KF-STRCF 和 KFwoS-STRCF 的相同比较。为了更好地理解步长控制方法,将这 5 个属性分为可见属性(背景杂波、平面外旋转和光照变化)和不可见属性(视图外和遮挡)。KF-STRCF 在所有可见属性和总体评估方面都优于 KFwoS-STRCF,成功率和准确率的 AUC 增加了约 0.01,因为步长控制方法可以更好地理解目标的运动状态,并限制框架输出状态的最大振幅。因此,突然加速和转向变化的影响受到限制。对于不可见属性,KF-STRCF 在遮挡属性中实现了与 KFwoS-STRCF 几乎相同的性能,但在视图外属性中性能显著降低,降低了约 0.01,因为步长控制方法无法有效预测目标在视图外的运动状态。因此,步长控制方法可以提高离散时间卡尔曼估计器在视图内最佳 12 种场景的 OPE 度量方面的性能。

为了进一步说明该框架和 STRCF 在目标跟踪方面的差异,将时间定位误差 ϵ 定义为:

$$\epsilon = \frac{\| (l_t^{\hat{x}}, l_t^{\hat{y}}) - (l_t^{\check{x}}, l_t^{\check{y}}) \|}{\theta} \tag{7.34}$$

其中,$(l_t^{\check{x}}, l_t^{\check{y}})$ 是第 t 帧的预定义目标位置。$\theta = 20$ 是归一化因子。

然后,选择 3 个非模糊视频的快速移动目标(即 basketball、dragonbaby 和 soccer)和 1 个非模糊视频的尺度变化目标(如 panda),并可视化 4 个视频序列上的帧的时间定位误差 ϵ。图 7.4(a)描述了篮球序列上的快速运动和变形属性。它清楚地表明,当突然加速和变形发生时,STRCF 无法进行正确的调整,并明显偏离目标质心(即 83~92 帧中的突然加速和形变),步长控制方法成功地纠正了由于 STRCF 故障导致的显著偏差,集成 STRCF 被动地用更稳健的外观模型更新相关滤波器,从而导致更稳健的定位精度。图 7.4(b)描述了由 dragonbaby 序列上的转向变化、遮挡和快速运动属性引起的时间定位误差。当男孩跳跃和战斗时,STRCF 无法及时跟踪目标(即在第 41~50 帧中的转向变化、遮挡和快速运动),但离散时间卡尔曼估计器和步长控制方法可以准确预测目标的连续运动状态和新实例的修改。图 7.4(c)显示了遮挡、快速运动和背景杂波属性对足球序列的影响。当快速运动和背景杂波严重影响 STRCF 的有效性时(即 161~170 帧中的遮挡、快速运动和背景杂波),框架可以平滑和优化集成 STRCF 的估计结果,并显著提高跟踪精度。图 7.4(d)显示了尺度变化、变形和低分辨率属性对熊猫序列有很大影响。当熊猫慢慢接近相机时,比例变化效应明显(即第 940~955 帧中的比例变化、变形和低分辨率);该框架可以使当前轨迹相对于先前轨迹平滑,并对新实例的修改敏感,而 STRCF 却失败。图 7.4(e)和图 7.4(f)显示了 12 个视频的 OPE 成功率和准确率。这清楚地表明,离散时间卡尔曼估计器显著提高了 STRCF 约 10%。集成 STRCF 可以用更稳健的外观模型更新相关滤波器,以纠正由于 STRCF 故障导致的显著偏差。步长控制方法可以提高快速运动属性的离散时间卡尔曼估计器的性能。从这些结果中可以得出以下结论:①与 STRCF 相比,离散时间卡尔曼估计器可以准确预测目标的连续运动状态和新实例的修改;②虽然 STRCF 受到快速运动的影响,但该框架由步长控制方法控制,因此对突然加速和转向变化不敏感;③在尺度变化和变形的情况下,该框架可以使当前轨迹相对于先前轨迹平滑,并且对新实例的修改敏感。总之,使用离散时间卡尔曼估计器和步长控制方法,该框架可以提供比 STRCF 更稳健的定位精度,从而获得更高的性能。

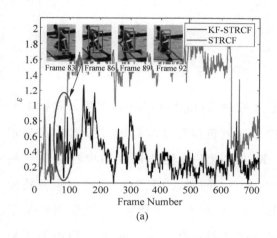

(a)

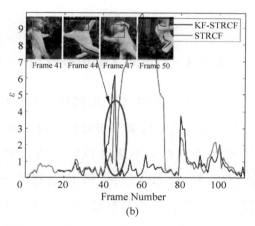

(b)

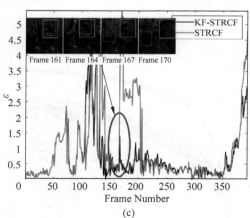

(c)

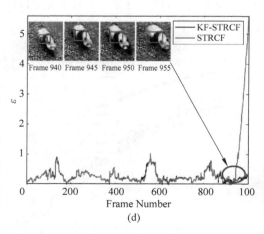

(d)

图 7.4 基于 12 个视频框架的消融实验图示

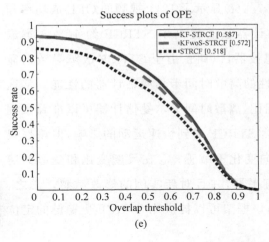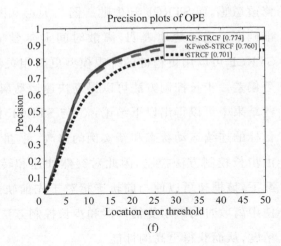

(e)   (f)

图 7.4 （续）

7.3.4 Temple-Color 数据集

此外,将比较实验扩展到具有 128 个颜色序列的 Temple-Color 数据集。将框架与上述最先进的跟踪器子集进行比较,这些跟踪器由颜色跟踪基准提供。图 7.5(a)显示了前 10 个跟踪器的重叠成功图的成功率。KF-STRCF 在竞争跟踪器中具有最佳的 AUC 分数,与 HOG 特征相比,达到了 Inc=0.0005。同时,图 7.5(b)显示了距离精度图的准确率。该框架性能略差于 STRCF,Inc=-0.0059。总体而言,该框架保持了 STRCF 的颜色跟踪性能,并且离散时间卡尔曼估计器不会增加大规模应用中的不稳定性。

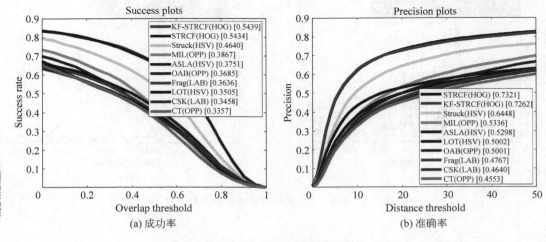

(a) 成功率   (b) 准确率

图 7.5 基于 128 个颜色序列在 Temple-Color 数据集上框架的性能分析

7.4 本章小结

为了实现针对各种评估标准的最佳跟踪精度和稳健性,并改进灾难救援期间的智能监控,提出了一种新的框架,将 KF 与 STRCF 集成用于视觉跟踪,以克服由于大规模应用程序变化导致的不稳定性问题。为了解决突然加速和转向变化导致的目标丢失问题,采用了步长控制方法来限制框架输出状态的最大振幅。此外,为了理解该框架的特点,提出了一个命题,证明该离散时间卡尔曼估计器的协方差方程没有有限的稳态值,因此没有收敛性。此外,在大规模实验中分析了影响该跟踪器性能的因素。在 OTB-2013、OTB-2015 和 Temple-Color 数据集上获得的各种实验结果表明,除模糊情况外,KF-STRCF 在大多数情况下都优于 STRCF。特别是对于非模糊视频,该算法实现了更好的性能,并且比 STRCF 更健壮。

第8章

面向高维数据的一维
VGG深度学习网络

近年来,在"信息爆炸"的时代,大数据在广泛的应用中迅速发展。借助人工智能物联网(Artificial Intelligence of Things,AIoT)的集成,如"医疗保健 4.0"和"工业 4.0",不仅可以在云中存储海量数据,还可以为人类日常生产和生活进行大数据分析。随着 AIoT 的成熟,各行各业都产生了几何增长的数据,只要能够用高维数据(音频、视频、电子文本文档等)以电子方式表示这些数据,深度学习分类器和综合评估(Comprehensive Evaluation,CE)就能挖掘出数据背后的深层含义。然而,在高维数据过于复杂和不稳定而不可行的情况下,需要设计一个更适用的分类器来处理它。尽管几十年来许多研究人员都在努力提高分类和评估性能,但仍然存在许多挑战性的问题,例如,如何设计更灵活的分类器,以适应复杂和多样的高维数据,并且没有任何一种算法可以在所有场景中都获得优异的性能。因此,设计稳健算法以克服现有方法的缺点至关重要。

目前,许多先进的分类器的源代码已经公开,并且在高维数据环境中实现了情境感知。然而,一些分类器采用了以增加复杂性为代价提高分类精度的策略;相反,一个众所周知的分类器——VGG 网络(Visual Geometry Group Network,VGGNet),可以通过非常小的(3×3)卷积滤波器改善现有技术配置,并将深度推到比其竞争对手 ILSVRC-2013 更多的权重层。由于整个网络中有非常小的 3×3 接收场,二维 VGGNet (Two-Dimensional VGGNet,2D_VGGNet)可以包含三个 3×3 卷积层,而不是单个 7× 7 层,这使得决策函数更具区分性。通过增加网络深度,可以发现这是可行的,因为在所有层中使用了非常小的(3×3)卷积滤波器。然而,由于该方法是为图像数据设计的,因此在高维数据和用于排序备选方案的多准则决策(Multi-Criteria Decision-Making, MCDM)方面仍有改进空间。

接下来,为了模拟生物的视觉感知,一个典型的卷积神经网络(Convolutional Neural Network,CNN)包含一个具有卷积运算的前馈神经网络,该网络具有深层结构,主要由卷积层和池化层组成。其中,卷积层负责提取输入数据的特征,并包括多个卷积核。池化层负责减少采样维度、计算和内存消耗以及网络复杂性,消除冗余和特征压缩。具体而言,一维卷积神经网络(One-Dimensional CNN,1D_CNN)可以在很大程度上保持输入数据的小范围内的总平移不变。CNN 的副作用是,随着网络深度的增加,模型的分类精度没有显著提高。因此,一个合理的解决方案是将 2D_VGGNet 与 1D_CNN 相结合,以保持输入数据在小范围内总平移不变,并在高维数据的各种场景中提高分类精度。同时,2D_VGGNet 可以将深度推到更多权重层。

此外,为了解决 CE 在各种场景下的 MCDM 优化问题(MCDM Optimization Problem, MCDMOP),笔者提出了一种称为一维 VGGNet(One-Dimensional VGGNet,1D_VGGNet)的新框架,用于对高维数据应用中的对象进行分类和评估。在高维数据过于复杂和不稳定而不可行的情况下,提出的方法是一种新的框架,用于保存专家知识的评估意见并提高评估精度。然后,引入了一个新的目标函数来准确评估网络模型的性能,因为目标函数包括各种有代表性的性能评估指标,并且计算平均值作为 CE 评价指标。这项工作的主要贡献可以总结如下。

(1) 笔者提出了 MCDMOP,并提出了一个称为 1D_VGGNet 的新框架,用于在高维数据应用中对对象进行分类和评估。为了准确分类对象并保留专家知识的评价意见,提出了一种用于高维数据的 1D_VGGNet 分类器,以使分类结果尽可能与专家意见一致。

(2) 为了有效解决 MCDM 问题,将 2D_VGGNet 应用于图像数据的二维卷积替换为应用于 MCDM 的一维卷积。此外,为了解决生成的特征图的不变性问题,可以灵活调整 Maxpooling 的核大小,以有效地满足降低特征图维数和加快不同数据集的训练和预测的要求。该改进对于各种高维数据应用场景是合理的。

(3) 为了有效解决 MCDMOP,提出了一种新的目标函数,用于准确评估网络模型的性能,因为目标函数包括各种具有代表性的性能评估指标,并且计算平均值作为 CE 评价指标。

8.1　多准则决策的预处理方法

如前所述,2D_VGGNet 可以通过非常小的(3×3)卷积滤波器改进现有技术配置,并将深度推到比其竞争对手 ILSVRC-2013 更高的权重层。由于整个网络中感受野的内核大小非常小,2D_VGGNet 可以合并内核大小为 3 的三个卷积层,而不是内核大小为 7 的单层,这使得决策函数更具区分性。然而,由于该方法是为图像数据设计的,需要使用 MCDM 改进高维数据的网络架构。

8.1.1　预处理过程

对于使用 MCDM 的高维数据,重点关注如何改进 CE,以保留专家知识的评估意见,并适应复杂和多样的高维度数据。因此,首先介绍了 CE 的预处理过程,并将其定义为 $\boldsymbol{H} = \langle \boldsymbol{\mathcal{F}}, \boldsymbol{\mathcal{R}}, \boldsymbol{\mathcal{W}} \rangle$。其中,假设 $\boldsymbol{\mathcal{F}}$ 是所有特征的集合,定义为:

$$\boldsymbol{\mathcal{F}} = \{f_1, f_2, \cdots, f_i, \cdots, f_m\} \tag{8.1}$$

其中,m 是特征的数量。因为高维数据可以描述非常复杂的数据结构,所以 m 的值可能非常大。

$\boldsymbol{\mathcal{R}}$ 表示所有评价值,定义为:

$$\boldsymbol{\mathcal{R}} = \{r_1, r_2, \cdots, r_i, \cdots, r_n\} \in \mathbf{R}^n \tag{8.2}$$

其中,n 是评价值的级别数量,$r_i \in \mathbf{R}$。

$\boldsymbol{\mathcal{W}}$ 表示相对于 $\boldsymbol{\mathcal{F}}$ 的权重分布,定义为:

$$\boldsymbol{\mathcal{W}} = \{w_1, w_2, \cdots, w_i, \cdots, w_m\} \mid \sum_{i=1}^{m} w_i = 1 \tag{8.3}$$

其中,w_i 是对应特征 f_i 的权值。

因此,假设数据集 $\boldsymbol{D}$ 包含具有 m 个特征的 s 个样本,可以将数据集定义为:

$$\boldsymbol{D} = \begin{bmatrix} a_{1,1} & a_{1,2} & \cdots & a_{1,m} \\ a_{2,1} & a_{2,2} & \cdots & a_{2,m} \\ \vdots & \vdots & \ddots & \vdots \\ a_{s,1} & a_{s,2} & \cdots & a_{s,m} \end{bmatrix} \tag{8.4}$$

其中,$a_{i,j} \in \boldsymbol{\mathcal{R}}$ 表示基于专家知识在每个特征 f_i 上使用 $\boldsymbol{\mathcal{R}}$ 的得分。

8.1.2　多准则决策优化问题（MCDMOP）

在考虑多准则（特征）的情况下，选择最优样本的决策问题是现代决策科学的重要组成部分。其理论和方法广泛应用于工程、技术、经济、管理和军事等领域。为了阐明目标，笔者提出了优化问题，即如何实现 1D_VGGNet 与 1D_CNN 相比的最大分类精度以及 MCDM 单个特征的最小影响。将 Inc(κ) 表示为基于专家评分的真实分类结果的多重评估指标的准确率的增长率：

$$\text{Inc}(\kappa) = \frac{\kappa_{\text{1D\_VGGNet}} - \kappa_{\text{1D\_CNN}}}{\kappa_{\text{1D\_CNN}}} \tag{8.5}$$

因此，$\kappa_{\text{1D\_VGGNet}}$ 和 $\kappa_{\text{1D\_CNN}}$ 是以 $\kappa \in \{\text{Accuracy}, \text{Jaccard}, \text{Recall}, \text{F1}, \text{Precision}, \text{R2}, \text{AUC}, \text{Avg}\}$ 表示的多重评估指标的准确率，其中 AUC 和 Avg 分别是在 Python sklearn 模块中的曲线下的面积和前 7 个评估指标的平均值，用专家评分的真实分类结果来评估 1D_VGGNet 和 1D_CNN。

因此，MCDMOP 可以公式化为：

$$\underset{\langle \boldsymbol{D} \rangle, \langle \boldsymbol{\mathcal{F}} \rangle, \langle y_i \rangle}{\text{maximize}} \text{Inc}(\kappa) \tag{8.6}$$

从属于

$$y_i = [0, \cdots, r]$$
$$\kappa \in (-1, 1) \tag{8.7}$$

其中，y_i 是表示 $[a_{i,1}, a_{i,2}, \cdots, a_{i,m}]$ 的类别整数。

8.2　一维视觉几何群网络体系结构

考虑一个具有 $\mathcal{L}$ 个卷积层的神经网络。设 $\boldsymbol{x}^l$ 表示来自层 $l (l \in \{1, 2, \cdots, \mathcal{L}\})$ 和 $\boldsymbol{x}^0 = \boldsymbol{D}$ 的输出向量。假设训练集 $\boldsymbol{\mathbb{S}} = \{(\boldsymbol{x}_1, y_1), (\boldsymbol{x}_2, y_2), \cdots, (\boldsymbol{x}_n, y_n)\}$，其中 $\boldsymbol{x}_i = [a_{i,1}, a_{i,2}, \cdots, a_{i,m}] \in \mathbf{R}^m$ 是 m 维向量，$y_i = [0, 1, \cdots, r]$ 是表示 $\boldsymbol{x}_i$ 的类别的整数。设计神经网络的目的是利用卷积层中的神经元对这些向量进行分类，输出层应包含 r 个神经元。

然后，设计一个神经网络，其中输入为 $\boldsymbol{x}^0$，输出为每个类别的 r 神经元的分类分数 a_i。神经网络学习从 a_i 中提取特征，以便它们在输出层中线性可分离。此外，由于高维数据过于复杂和不稳定，$\boldsymbol{x}^0$ 的分类是一个复杂的问题。因此，准确学习 $\boldsymbol{x}^0$ 在特征空间中可线性分离的特征变换函数需要 1D_VGGNet 提供更深入的网络架构。此外,由于经典 2D_VGGNet 是为图像分类而设计的,因此无法直接应用于高维数据分类。因此,首先为高维数据 D 设计了 1D_VGGNet 网络的体系结构,然后详细描述了模型训练过程。

8.2.1 1D_VGGNet 的体系结构

图 8.1 显示了 1D_VGGNet 网络的架构。首先,输入数据为 $s \times m$ 高维数据 D(s 为样本总数),批量大小的超参数为 64。其次,通过 5 组卷积层进行 D 的特征提取,每组由多个一维卷积层组成,使用 Conv1D 串联。卷积的本质是利用卷积核的参数提取高维数据的特征,并通过矩阵点传输和求和运算获得结果,并且每个卷积层之后是整流线性单元(Rectified Linear Unit,ReLU)激活函数,以增强模型的特征学习能力。在每个组的末尾是使用 Maxpool1D 的一维池层,这是一种下采样操作,用于减少特征图中的参数数量,并提高计算速度和感受野。此外,应注意的是,在特征提取阶段,卷积层的数量 $\mathcal{L}$ 是可变的,并且与模型的参数数量呈正相关。随着 $\mathcal{L}$ 个数的增加,模型的参数个数增加。再次,特征提取阶段之后是由三个完全连接的层组成的分类阶段。在前两个全连接层中,每个层具有 128 个通道。在每层之后,使用 ReLU 激活函数来缓解梯度消失。最后,第三个全连接层有 5 个通道,它们与使用 r 通道最大值的 d_i 的分类结果 $\hat{y}_i$ 相对。这些分类对应专家评分的 5 个评分范围:$\{[90,100], [80,90), [70,80), [60,70), [0,60)\}$。

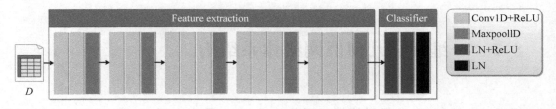

图 8.1 1D_VGGNet 网络的架构

8.2.2 一维卷积层

卷积是分析数学的一种基本运算,在深度学习领域采用离散形式。作为卷积神经网络的基本组成部分,卷积的本质是利用卷积核的参数提取高维数据的特征,并通过矩阵点传输和求和运算获得结果。在此基础上,多层网络可以从低级特征中迭代提取更复杂的特征。神经网络的正向传播公式可描述如下:

$$\boldsymbol{x}^{l+1} = \mathcal{H}(\boldsymbol{x}^l \boldsymbol{w}^{l+1} + b^{l+1}) \tag{8.8}$$

其中，$\boldsymbol{w}^{l+1} \in \mathbf{R}^{w^l}$ 表示权重向量，$b^{l+1} \in \mathbf{R}$ 表示层 l 的偏置（w^{l+1} 是层 l 输出的宽度）。$\boldsymbol{x}^l \in \mathbf{R}^{w^i}$ 表示层 $l+1$ 的输入。$\mathcal{H}(\cdot): \mathbf{R} \to \mathbf{R}$ 实现非线性变换并充当阈值函数的激活函数。此外，在卷积运算中，每个卷积核充当滤波器来提取不同类型的特征。

为了形成复杂的表达式空间，需要添加非线性映射。因此，ReLU 激活功能介绍如下：

$$\mathcal{H}_{\text{relu}}(x) = \max(0, x) = \begin{cases} 0, & x < 0 \\ x, & x \geqslant 0 \end{cases} \tag{8.9}$$

$$\mathcal{H}'_{\text{relu}}(x) = \begin{cases} 0, & x < 0 \\ 1, & x \geqslant 0 \end{cases} \tag{8.10}$$

这清楚地表明 $\mathcal{H}_{\text{relu}}(x)$ 具有单边不对称结构，其在 $\mathbf{R}^+$ 中的导数始终为 1，在 $\mathbf{R}^+$ 中不饱和，这有效地缓解了梯度消失现象。此外，该模型可以任意逼近任何非线性结构，因此具有处理复杂数据的能力。

8.2.3　池化层

为了减少特征映射参数的数量，提高计算速度，增加感受野，采用池化层进行下采样操作。这种操作可以使模型更加关注全局特征而不是局部位置，同时保留一些重要的特征信息，提高容错性，防止过拟合。池化层可以如下表示：

$$\boldsymbol{x}_{\text{out}} = \alpha \mathcal{P}(\boldsymbol{x}_{\text{in}}) + \beta \tag{8.11}$$

其中，α 和 β 是比例偏差和水平偏差，$\mathcal{P}(\cdot)$ 是下采样函数，$\boldsymbol{x}_{\text{in}}$ 和 $\boldsymbol{x}_{\text{out}}$ 是池化层的输入和输出。此外，选择了最大池算子。它给出了输入特征图相邻区域的最大值，表达式如下：

$$\boldsymbol{x}_{\text{out}}^{\text{down}}(i) = \max_{(i-1)\gamma \leqslant c \leqslant i\gamma} \{\boldsymbol{x}_{\text{in}}(c \mid i)\} \tag{8.12}$$

其中，$\boldsymbol{x}_{\text{in}}(c \mid i)$ 是输入的第 c 个神经元的激活值，集合的位置间隔是 $(i-1)\gamma \leqslant c \leqslant i\gamma$，$i$ 是特征图的位置，γ 是核大小。

与卷积运算相比，池化运算只改变了特征图的维数，而不改变特征图的深度 $\mathcal{D}$。因此，合并层的数量与特征图的维度密切相关。以内核大小为 γ 的 Maxpooling1D 层 f_{pool}^{γ} 为例，高维数据 $\boldsymbol{D}$ 的长度 $\mathcal{L}=t$ 保持不变，宽度 $\mathcal{W}=m$ 随着池化层的增加而减小。公式如下：

$$\mathcal{W}_{\text{out}} = \left[\left[\frac{\mathcal{W}_{\text{in}} + 2 \times \vartheta_1 - \vartheta_2 \times (\gamma - 1) - 1}{\vartheta_3} \right] \right] + 1$$

$$= \left[\left[\frac{\mathcal{W}_{\text{in}}}{\gamma} \right] \right], \quad \vartheta_1 = 0, \vartheta_2 = 1, \vartheta_3 = \gamma \tag{8.13}$$

其中，$\mathcal{W}_{in}$ 和 $\mathcal{W}_{out}$ 是池化层的输入和输出宽度。ϑ_1、ϑ_2 和 ϑ_3 是池化层的填充、膨胀和步幅。$[[\cdot]]$ 为向下取整运算。在此基础上，可以得到池化层的数量 n 与 $\boldsymbol{D}$ 的宽度 m 之间的公式，如下所示：

$$\mathcal{W}_n = \left[\left[\frac{m}{\left(\prod_{i=1}^{n} \mathcal{W}_i\right)}\right]\right] \geqslant 1, \quad 1 \leqslant n \leqslant 5 \tag{8.14}$$

其中，$\mathcal{W}_n$ 是 f_{pool}^{γ} 的第 n 个输出特征图的宽度，约束为 $\mathcal{W}_n \geqslant 1$。参数如表 8.1 所示。$n=1$ 和 $n=5$ 分别表示第一个和最后一个 f_{pool}^{γ} 层。

表 8.1　1D_VGGNet 网络参数

序号	层	通道数量	核大小	$\mathcal{L}$	$\mathcal{W}$	$\mathcal{D}$
0	输入 $\boldsymbol{D}$			64	m	1
1	Conv1D	64	3	64	m	64
2	Conv1D	64	3	64	m	64
3	$f_{pool}^{\gamma_1}$		γ_1	64	$\mathcal{W}_1$	64
4	Conv1D	128	3	64	$\mathcal{W}_1$	128
5	Conv1D	128	3	64	$\mathcal{W}_1$	128
6	$f_{pool}^{\gamma_2}$		γ_2	64	$\mathcal{W}_2$	128
7	Conv1D	256	3	64	$\mathcal{W}_2$	256
8	Conv1D	256	3	64	$\mathcal{W}_2$	256
9	Conv1D	256	3	64	$\mathcal{W}_2$	256
10	$f_{pool}^{\gamma_3}$		γ_3	64	V_3	256
11	Conv1D	512	3	64	$\mathcal{W}_3$	512
12	Conv1D	512	3	64	$\mathcal{W}_3$	512
13	Conv1D	512	3	64	$\mathcal{W}_3$	512
14	$f_{pool}^{\gamma_4}$		γ_4	64	$\mathcal{W}_4$	512
15	Conv1D	512	3	64	$\mathcal{W}_4$	512
16	Conv1D	512	3	64	$\mathcal{W}_4$	512
17	Conv1D	512	3	64	$\mathcal{W}_4$	512
18	$f_{pool}^{\gamma_5}$		γ_5	64	$\mathcal{W}_5$	512
19	FC			64	1	128
20	FC			64	1	128
21	FC			64	1	5
22	输出			64	1	5

定理 1：设 m 表示高维数据 $\boldsymbol{D}$ 的特征数，如果 $m \geqslant \gamma^5$，$\gamma \geqslant 2$，则 1D_VGGNet 网络有 5 个 $f_{pool}^{\gamma \geqslant 2}$ 层；否则，1D_VGGNet 网络中的 $f_{pool}^{\gamma \geqslant 2}$ 层数为 $[[\log_{\gamma \geqslant 2} m]]$，而 $f_{pool}^{\gamma=1}$ 层数

为 $5-[[\log_{\gamma\geqslant2}m]]$。

证明：① 如果 $m\geqslant\gamma^5,\gamma\geqslant2$，则为 $\mathcal{W}_5=\left[\left[\dfrac{m}{\gamma^5}\right]\right]\geqslant1$。因此，1D_VGGNet 网络可以有 5 个 $f_{\text{pool}}^{\gamma\geqslant2}$ 层。② 如果 $m<\gamma^5,\gamma\geqslant2$，那么可以得到 $n=[[\log_{\gamma\geqslant2}m]]<5$。否则，将存在 $\mathcal{W}_n\geqslant1$ 定义的矛盾：即 $\mathcal{W}_5=\dfrac{m}{\gamma^5}\mid(m<\gamma^5)=0$，这是矛盾的。对于特殊情况，如果 $[[\log_{\gamma\geqslant2}m]]=0$，则 $m=1$。因此，没有下采样操作的空间。由于 $f_{\text{pool}}^{\gamma=1}$ 层具有维数不变性的特征，为了保持特征图的维数不变，1D_VGGNet 网络可以利用（$5-[[\log_{\gamma\geqslant2}m]]=5$） $f_{\text{pool}}^{\gamma=1}$ 层。此外，如果 $1\leqslant[[\log_{\gamma\geqslant2}m]]<5$，则 1D_VGGNet 网络可以执行 $[[\log_{\gamma\geqslant2}m]]$ 下采样操作。因此，1D_VGGNet 网络中的 $f_{\text{pool}}^{\gamma\geqslant2}$ 层数为 $[[\log_{\gamma\geqslant2}m]]$，而 $f_{\text{pool}}^{\gamma=1}$ 层数为 $5-[[\log_{\gamma\geqslant2}m]]$。例如，如果 $m=23$，则 1D_VGGNet 网络中的 $f_{\text{pool}}^{\gamma=3}$ 层数为 $[[\log_3 23]]=2$，而 $f_{\text{pool}}^{\gamma=1}$ 层数为 $5-[[\log_3 23]]=3$。因此，表 8.1 中的参数为 $\gamma_{1,2}=3$ 和 $\gamma_{3,4,5}=1$。

8.2.4 全连接层

为了将特征提取阶段提取的特征图映射到特定维度的标签空间并获得损失结果，在分类阶段采用了三层完全连接（Fully-Connected，FC）网络。每层中的神经元可以与前一层和后一层中的所有神经元连接，并将输入和输出扩展为一维向量。因此，FC 层的参数数量最多，即 $(\mathcal{L}^{l-1}\times\mathcal{W}^{l-1}\times\mathcal{D}^{l-1}+1)\times\mathcal{L}^l\times\mathcal{W}^l\times\mathcal{D}^l$。事实上，FC 层是卷积层的特例。

8.2.5 训练 1D_VGGNet 网络

为了分析训练过程的质量以及模型是否收敛，定义了一个称为损失函数的目标函数，通过测量预测结果与真实值之间的差距来判断 1D_VGGNet 网络在 $\aleph$ 中样本分类时的准确度。

训练 1D_VGGNet 网络的主要目标是最小化分类错误的样本数量。为了在单个向量中显示 w^l 和 b^l 的所有参数，可以将 w^l 和 b^l 扩充为 $w_{(w|b^l)}^l=[b^l,w_1,\cdots,w_{\mathcal{W}^l}]$。此外，还可以将 x^l 和 1 扩充为 $x_{(x|1)}^l=[1,x_1,\cdots,x_{\mathcal{W}^l}]$。因此，可以描述目标函数为：

$$\mathcal{E}=-\sum_{i=1}^{n}y_i\log\sigma(\boldsymbol{x}_{(x\mid1)}^l\,\boldsymbol{w}_{(w|b^{l+1})}^{l+1}) \tag{8.15}$$

$$\sigma(\boldsymbol{x}_{(x\mid1)}^l\,\boldsymbol{w}_{(w|b^{l+1})}^{l+1})=\frac{1}{1+\mathrm{e}^{-\boldsymbol{x}_{(x\mid1)}^l\,\boldsymbol{w}_{(w|b^{l+1})}^{l+1}}} \tag{8.16}$$

其中，$\sigma:\mathbf{R}\rightarrow[0,1]$ 是逻辑 sigmoid 函数。此外，使用梯度下降法通过交叉熵损失函数找到 $\mathcal{E}$ 的最小值。为了实现梯度下降法，应该获得 $\sigma(x)$ 对其参数的导数，如下所示：

$$\frac{\partial\sigma(\boldsymbol{x})}{\boldsymbol{x}}=\sigma(\boldsymbol{x})(1-\sigma(\boldsymbol{x})) \tag{8.17}$$

然后，可以使用链式法则获得 $\mathcal{E}$ 的偏导数，如下所示：

$$\frac{\partial\mathcal{E}}{\partial w_i}=(\sigma(\boldsymbol{x}_i^l\boldsymbol{w}^{l+1})-y_i)\boldsymbol{x}_i \tag{8.18}$$

$$\frac{\partial\mathcal{E}}{\partial w_0}=\sigma(\boldsymbol{x}_i^l\boldsymbol{w}^{l+1})-y_i \tag{8.19}$$

误差反向传播使用损失函数计算误差，然后将误差 $\mathcal{E}^{l+1}$ 与参数 $\boldsymbol{w}_{ij}^l$ 卷积，将误差传播到前一层，以获得误差 $\mathcal{E}^l$，如下所示：

$$\mathcal{E}_j^l=\sum_{i=1}^{w^{l+1}}\mathcal{E}_i^{l+1}(\boldsymbol{w}_{ij}^l)' \tag{8.20}$$

其中，$(\cdot)'$ 表示矩阵转置。然后，权重梯度 $\partial\boldsymbol{w}_{ij}^l$ 计算如下：

$$\partial\boldsymbol{w}_{ij}^l=\boldsymbol{x}_j^l\,\mathcal{E}_i^{l+1} \tag{8.21}$$

此外，仅在神经网络中传播一次数据集是不够的，需要在同一神经网络中多次传播数据集。随着 epochs 的数量 φ 的增加，神经网络中参数的更新次数也在增加，网络从欠拟合变为过拟合。梯度下降法用于更新网络参数 w 和 b：

$$\mathcal{E}\rightarrow\begin{cases}\hat{\boldsymbol{w}}^l=\boldsymbol{w}^l-\eta\partial\boldsymbol{w}^l\\\hat{b}^l=b^l-\eta\partial b^l\end{cases} \tag{8.22}$$

其中，$\boldsymbol{w}^l$ 和 $\hat{\boldsymbol{w}}^l$ 是更新前后的权重。b^l 和 $\hat{b}^l$ 是更新前后的偏差。η 是学习速率，用于控制参数更新的步长。

此外，为了最小化 $\mathcal{E}$ 并提高梯度下降方法的收敛性，使用 Adam 优化器通过梯度的第一和第二矩动态估计和调整 $\boldsymbol{w}^l$ 和 b^l 的 η。

8.3   实验与分析

本节对笔者提出的框架进行了详细介绍。实验在 MIT-BIH 心律失常数据库数据集上进行，该数据集包括 47 个人的 48 个心电图（Electro Cardio Graphic，ECG）记录。

8.3.1   框架参数和数据集

首先，使用 MATLAB R2021a 和 PyCharm 2021.3 以及 PyTorch 1.10.0 进行实

验。计算机的操作系统为 Windows 10 64 位,CPU 为 AMD Ryzen 9 5900HX,具有 Radeon Graphics 3.30 GHz 和 8 核,RAM 为 64 GB 1600 MHz。

然后,表 8.2 中列出了框架参数。为了实现该框架的高性能,使用 MIT-BIH 心律失常数据库作为数据集 D。接下来,将内核大小 Conv1D 设置为 3,并将 Maxpooling1D 的内核大小 γ 设置为 1,2,3,5,7,11,13。然后,将 FC 层的 r 通道设置为 6。此外,在训练阶段,将 Epoch φ、Batch 大小和学习率 η 设置为 200、64 和 1.0×10^{-3}。此外,将特征数 m 设置为 256。

表 8.2　框架参数

参　　数	值
数据集(D)	MIT-BIH
Conv1D 的内核大小	3
Maxpooling1D 的内核大小(γ)	1,2,3,5,7,11,13
FC 层的通道数量(r)	6
Epoch(φ)	200
Batch 大小	64
学习率(η)	1.0×10^{-3}
特征数量(m)	256

为了在高维数据中涵盖更多指标,选择了具有 256 维指标的 MIT-BIH 心律失常数据库作为比较实验数据集。该数据库公开了 47 个人的 48 个心电图记录,每个记录为在 360 Hz 下的样本。然后,将'101''105''114''118''124''201''210'和'217'记录作为测试集,其他记录作为训练数据集,并且仅保留修改的肢体导联 Ⅱ(Modified Limb Lead Ⅱ,Ml Ⅱ)数据用于训练和测试。接下来,选择长度为 256 的片段作为以每个峰值为中心的 256 维特征。随后,选择 6 个类别作为分类器的 $r=6$ 通道,即"正常心律""过早收缩""节奏心律""大气过早心律""血管和正常心律融合"和"学习期间未分类的心律"。此外,为了提高最后一个类别的准确性,还将该类别的所有数据纳入了 2017 年 Physionet 挑战数据集的训练数据集,从而增加了训练样本的数量。最后,获得的训练数据集样本为 22 935×256,测试集样本为 4568×256。

8.3.2　1D_VGGNet 的测试阶段

表 8.3 显示了使用 MIT-BIH 心律失常数据库的评估指标的 $1D\_CNN_{5G}^{\gamma}$、$2D\_VGG_{5G}^{\gamma}$ 和 $1D\_VGG_{5G}^{\gamma}$。然后,由于需要对高维数据应用 2D_VGGNet 模型,当 $m=256$

时,将 D 中每行的一维数据 $1 \times m$ 更改为二维数据 16×16。此外,为了更好地适应数据集的特性,选择 PyTorch 中的 MSELoss 损失函数来计算损失值。接下来,在上述三种算法中,最佳配置来自 $2D\_VGG_{5G}^{\gamma=11}$、$1D\_CNN_{5G}^{\gamma=5}$ 和 $1D\_VGG_{5G}^{\gamma=5}$,平均得分分别为 0.573、0.605 和 0.678。此外,随着 γ 值的增加,三种算法表现出不规则波动特征。因此,表明 γ 的值变化可以在一定程度上改变分类器的性能。此外,对于所有评估指标,$1D\_VGG_{5G}^{\gamma=5}$ 完全超过了 $1D\_CNN_{5G}^{\gamma=5}$,提高了 12.1%。特别是在 R2 方面,与 $1D\_CNN_{5G}^{\gamma=5}$ 相比,$1D\_VGG_{5G}^{\gamma=5}$ 提高了 72.5%:0.540 对比 0.313。这意味着 $1D\_VGG_{5G}^{\gamma=5}$ 具有更好的模型拟合能力。因此,结论是该框架始终在所有评估指标中提供最佳分类性能。

表 8.3　具有 5 组卷积层的框架在 MIT-BIH 数据库中的稳健性评估

分 类 器	Accuracy	Jaccard	Recall	F1	Precision	R2	AUC	Avg
$1D\_CNN_{5G}^{\gamma=1}$	0.898	0.283	0.650	0.648	0.660	0.254	0.814	0.601
$1.5D\_VGG_{5G}^{\gamma=1}$	0.368	0.061	0.167	0.090	0.061	-0.428	0.500	0.117
$1D\_VGG_{5G}^{\gamma=1}$	0.867	0.270	0.632	0.623	0.619	0.108	0.802	0.560
$1D\_CNN_{5G}^{\gamma=2}$	0.876	0.270	0.639	0.639	0.669	-0.964	0.808	0.420
$2D\_VGG_{5G}^{\gamma=2}$	0.817	0.240	0.640	0.627	0.633	-1.986	0.803	0.253
$1D\_VGG_{5G}^{\gamma=2}$	0.868	0.266	0.635	0.619	0.614	-0.413	0.805	0.485
$1D\_CNN_{5G}^{\gamma=3}$	0.857	0.265	0.670	0.653	0.651	-0.587	0.821	0.476
$2D\_VGG_{5G}^{\gamma=3}$	0.861	0.277	0.622	0.615	0.616	0.115	0.797	0.558
$1D\_VGG_{5G}^{\gamma=3}$	0.744	0.256	0.570	0.555	0.595	-0.582	0.758	0.414
$1D\_CNN_{5G}^{\gamma=5}$	0.882	0.303	0.647	0.640	0.638	0.313	0.812	0.605
$2D\_VGG_{5G}^{\gamma=5}$	0.708	0.195	0.557	0.558	0.625	-0.231	0.743	0.451
$1D\_VGG_{5G}^{\gamma=5}$	**0.930**	**0.301**	**0.685**	**0.696**	**0.760**	**0.540**	**0.835**	**0.678**
$1D\_CNN_{5G}^{\gamma=7}$	0.845	0.273	0.688	0.658	0.649	-0.279	0.828	0.523
$2D\_VGG_{5G}^{\gamma=7}$	0.856	0.285	0.615	0.617	0.624	0.103	0.793	0.556
$1D\_VGG_{5G}^{\gamma=7}$	0.882	0.275	0.640	0.645	0.659	-0.817	0.808	0.442
$1D\_CNN_{5G}^{\gamma=9}$	0.908	0.287	0.686	0.695	0.709	-0.157	0.834	0.566
$2D\_VGG_{5G}^{\gamma=9}$	0.368	0.061	0.167	0.090	0.061	-0.428	0.500	0.117
$1D\_VGG_{5G}^{\gamma=9}$	0.851	0.256	0.633	0.624	0.631	-0.258	0.801	0.505
$1D\_CNN_{5G}^{\gamma=11}$	0.840	0.253	0.645	0.634	0.642	-0.771	0.806	0.436
$2D\_VGG_{5G}^{\gamma=11}$	0.888	0.283	0.648	0.632	0.621	0.128	0.813	0.573
$1D\_VGG_{5G}^{\gamma=11}$	0.823	0.241	0.625	0.622	0.639	-2.002	0.795	0.249
$1D\_CNN_{5G}^{\gamma=13}$	0.822	0.245	0.620	0.596	0.593	-0.327	0.793	0.477
$2D\_VGG_{5G}^{\gamma=13}$	0.793	0.271	0.608	0.604	0.627	-0.712	0.784	0.425
$1D\_VGG_{5G}^{\gamma=13}$	0.803	0.228	0.606	0.589	0.595	-1.200	0.784	0.344
$\text{Inc}(\kappa_i)$	**0.054**	**-0.007**	**0.059**	**0.088**	**0.191**	**0.725**	**0.028**	**0.121**

图 8.2 显示了用 $1D\_VGG_{5G}^{\gamma=5}$ 对 MIT-BIH 数据库的测试集进行分类的归一化混淆矩阵。其中,类别 1、2、3 和 6 的 TP 比率达到 0.89 或以上,这表明模型的分类精度非常高。然而,类别 4 和 5 的 TP 比率显著降低。这表明分类器很难对训练样本较少的类别进行分类。

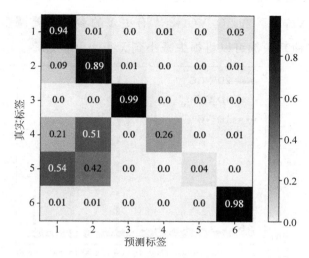

图 8.2　基于 MIT-BIH 数据库对框架进行混淆矩阵分析

图 8.3 显示了 MIT-BIH 数据库的测试集的最佳分类器的 ROC 曲线。$1D\_VGG_{5G}^{\gamma=5}$ 首先将 TP 比率提高到 0.75 以上,显示出比其他分类器更好的性能。然后,这些分类器的 AUC 分数与表 8.3 中的数据一一对应。此外,$1D\_CNN_{5G}^{\gamma=5}$ 和 $2D\_VGG_{5G}^{\gamma=11}$ 显示出类似的趋势,并且都小于 $1D\_VGG_{5G}^{\gamma=5}$。因此,$1D\_VGG_{5G}^{\gamma=5}$ 表示最佳分类性能。

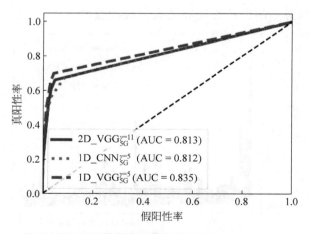

图 8.3　基于 MIT-BIH 数据库对框架进行 Macro-average ROC 分析

8.3.3　1D_VGGNet 的训练阶段

图 8.4 显示了使用 MIT-BIH 数据库的训练集用于最佳分类器的 Batch 损失。其中，$1D\_VGG_{5G}^{\gamma=5}$ 的波动幅度最大，其次是 $2D\_VGG_{5G}^{\gamma=11}$，$1D\_CNN_{5G}^{\gamma=5}$ 的波动幅度最小。可以看出，模型 $1D\_VGG_{5G}^{\gamma=5}$ 和 $2D\_VGG_{5G}^{\gamma=11}$ 有更多的参数需要调整，因此训练难度较大。然而，所有这三种算法都可以将损失减小到无穷小并接近零。

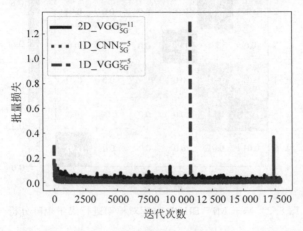

图 8.4　基于 MIT-BIH 数据库对框架进行 Batch 损失分析

图 8.5 显示了使用 MIT-BIH 数据库的 1000 个随机选择的训练样本作为三个分类器的测试集，相对于图 8.4 中的每次迭代的训练损失，这清楚地表明，$1D\_VGG_{5G}^{\gamma=5}$ 和 $1D\_CNN_{5G}^{\gamma=5}$ 的训练损失远低于其他分类器的训练损失，并且无限接近 0。此外，$2D\_VGG_{5G}^{\gamma=11}$ 总是表现出最差的训练性能和最大的波动幅度。

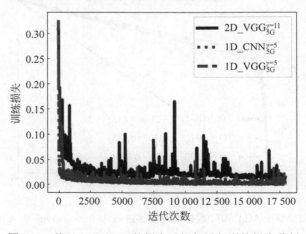

图 8.5　基于 MIT-BIH 数据库对框架进行训练损失分析

　　图 8.6 使用 MIT-BIH 数据库的相同 1000 个选定训练样本作为三个分类器的测试集,给出了相对于图 8.5 中的训练模型的训练精度。类似于图 8.5 中的结论,1D_$\text{VGG}_{5G}^{\gamma=5}$ 和 1D_$\text{CNN}_{5G}^{\gamma=5}$ 的变化趋势相似,训练精度无限接近 1.0。而 2D_$\text{VGG}_{5G}^{\gamma=11}$ 始终呈现最差的精度和最大的波动范围。总体而言,框架类似于 1D_CNN,超过了 2D_VGGNet 的训练性能,并显示了更稳定和可靠的模型训练能力。

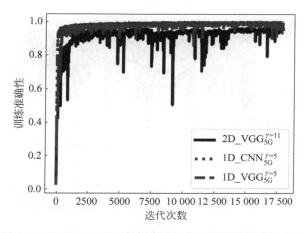

图 8.6　基于 MIT-BIH 数据库对框架进行训练准确性分析

　　图 8.7 显示了使用 MIT-BIH 数据库的 1000 个随机选择的测试样本作为三个分类器的测试集的验证损失和类似于图 8.5 的变化趋势。然而,三种算法的波动范围有所增加。此外,1D_$\text{VGG}_{5G}^{\gamma=5}$ 类似于 1D_$\text{CNN}_{5G}^{\gamma=5}$,验证损失可以减小到最小值;而 2D_$\text{VGG}_{5G}^{\gamma=11}$ 总是处于高验证损失和最大振幅。由于训练损失和验证损失同步减少,这表明模型框架的设计非常合理,具有自我改进的能力。

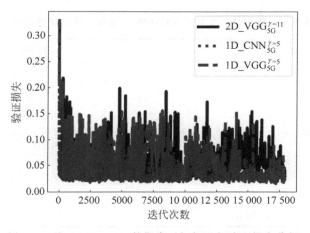

图 8.7　基于 MIT-BIH 数据库对框架进行验证损失分析

此外,图 8.8 提供了 MIT-BIH 数据库相同 1000 个选定测试样本下的验证精度变化过程。可以得出类似的结论,即 $1D\_VGG_{5G}^{\gamma=5}$ 和 $1D\_CNN_{5G}^{\gamma=5}$ 的验证精度显著高于 $2D\_VGG_{5G}^{\gamma=11}$。此外,三个分类器的验证精度低于图 8.6 中相应的训练精度。因此,当训练损失减少时,训练精度增加。同时,当验证损失同步减少时,验证精度增加,结论是 $1D\_VGG_{5G}^{\gamma=5}$ 是一个合理的模型设计。

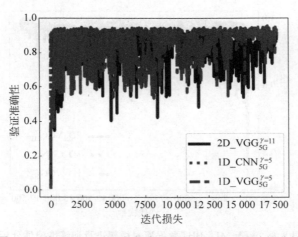

图 8.8　基于 MIT-BIH 数据库对框架进行验证准确性分析

最后,表 8.4 描述了 MIT-BIH 数据库基于时间成本的培训性能分析。首先,当 γ 值相同时,1D_VGGNet 与 1D_CNN 的耗时比增加约 1.834,如 2358s 与 832s。然后,与 2D_VGGNet 相比,1D_VGGNet 总是花费大约 -0.5 的时间,如 Increase(1D_VGG vs. 2D_VGG)$=-0.740$。可以看出,1D_CNN 总是花费最少的时间,1D_VGGNet 次之,2D_VGGNet 最多。

表 8.4　基于时间成本对 MIT-BIH 数据库进行训练性能分析

分 类 器	时间成本/s
$1D\_CNN_{5G}^{\gamma=5}$	832
$2D\_VGG_{5G}^{\gamma=5}$	4756
$1D\_VGG_{5G}^{\gamma=5}$	2358
Increase(1D_VGG vs. 1D_CNN)	**1.834**
$1D\_CNN_{5G}^{\gamma=11}$	790
$2D\_VGG_{5G}^{\gamma=11}$	8133
$1D\_VGG_{5G}^{\gamma=11}$	2115
Increase(1D_VGG vs. 2D_VGG)	**-0.740**

8.4　本章小结

为了改进深度学习分类,并实现基于 MCDM 的最佳评估精度和稳健性,以用于 CE 活动期间的高维数据分析,提出了一种用于高维数据分类和分析的新颖的 1D_VGGNet,以克服高维数据过于复杂和不稳定而不可行的问题。而且,1D_VGGNet 在分类精度和耗时方面远远优于 2D_VGGNet。此外,1D_VGGNet 可以直接使用高维数据作为输入数据,而不必像 2D_VGGNet 那样处理二维数据。因此,1D_VGGNet 具有更广泛的适用性。此外,为了解决生成的特征图的不变性问题,可以灵活调整 Maxpooling 的核大小,以有效地满足降低特征图维数和加快不同数据集的训练和预测的要求。该改进对于各种高维数据应用场景是合理的。此外,还提出了一种新的目标函数,用于准确评估网络模型的性能,因为目标函数包括各种具有代表性的性能评估指标,并且计算平均值作为 CE 指标。在 MIT-BIH 心律失常数据库上获得的各种实验结果表明,1D_VGGNet 实现了比 1D_CNN 更好的性能和更强的稳健性,并且在指定的评估指标下实现了 12.1% 的平均增益。

第9章

总结与展望

9.1　总结

本书针对灾难救援体系中复杂多变的 WSN、CN 和 WMSN 环境的移动机器人动态定位问题,开展了一系列理论研究、仿真建模和实际实验数据分析。作为一种无处不在的定位服务技术,其适用性广,尤其在人类无法进入的极端灾难现场能够有效开展救援活动,已成为大型楼宇救援系统的重点研究领域。本书以国家自然科学基金项目为背景,深入研究了移动机器人在穿越 WSN 和 WMSN 时,作为主动节点自主完成自身实时定位,并结合自组织网络拓扑结构,对比分析定位算法的位置估计精度和无线通信的数据包传输性能,主要工作由以下几方面组成:

(1)针对移动机器人在室内网络盲区的动态定位失效问题,提出了基于网格的极大似然自主动态定位算法,该算法应用信标信号强度信息完成测距。并且,使用基于网格改进的极大似然方法实现了机器人的定位。通过卡尔曼滤波器进行了定位误差校正,该方法实现了经典卡尔曼滤波器和定位算法的结合,目的是平滑和优化算法结果,有效地将 80% 的定位误差控制在 40 cm 内。

(2)针对室内无线传感器网络通信传输不稳定和定位精度较差的情况,提出了基于 APIT 的自主动态定位算法,通过实时选择邻近信标节点,确定节点坐标构成的边界,绘制局部网格空间,实现了机器人动态定位。采用基于测距的改进近似三角形内点测试(APIT)算法完成定位,再使用卡尔曼算法修正定位误差。在房间内部署 4 个信标节点的情况下,有效地将定位误差控制在 30 cm 内。

（3）针对网络不是全局刚性和经典三边测量法失效问题,提出了基于隐形边的定位算法,该算法在选择的节点不能相互感知的情况下实现了在最大范围内定位移动机器人。该算法利用移动机器人自身可移动和智能的特性,到达最大边界范围。为了利用信标节点自动部署技术实现灾后未知区域探索,移动机器人的路径规划必须具备避障和无线传感器网络中的 NLOS 定位功能,提出了基于三角形和生成树的路径规划方法实现室内环境中信标节点的增量式部署。该算法能够在未知环境中部署最少的信标节点,并获得最大的网络覆盖率。实验结果表明,该算法能够实现未知区域的网络全覆盖,部署节点数量明显少于三边测量法的部署节点数量。

（4）针对在多摄像机系统中的联合标定和实时三维定位问题,提出了基于公垂线中点质心的三维定位方法,该方法融合多视角二维图像坐标,实现实时三维空间定位。改进的公垂线中点质心算法减少了阴影检测的负面效果,改进了定位精度。联合标定方法实现了多摄像机同步获取内部参数和外部参数。该算法适用于多视角室内实时监控应用。实验结果表明,该方法能够将定位误差控制在 10 cm 内。

（5）针对在无线多媒体传感器网络中获取移动机器人三维信息时,网络不稳定和协调器端存在通信瓶颈的问题,提出了基于递推最小二乘的实时三维定位算法,实现在室内多视角无线多媒体传感器网络中同步定位移动机器人。并且,结合多种智能传感器建立了适用于实际应用的智能传感器架构。递推最小二乘算法融合了多视角二维图像坐标,计算移动机器人的实时三维空间位置,并提出了误差补偿机制减少在多视角数据融合中产生的误差。该方法可以在室内无线多媒体网络环境中实现可靠和有效的实时三维定位。实验结果表明,该方法定位静止目标的精度为 5 mm 左右,定位运动目标的精度为 100 mm 左右。

（6）为了实现针对各种评估标准的最佳跟踪精度和稳健性,并改进灾难救援期间的智能监控,提出了一种新的框架,将 KF 与 STRCF 集成用于视觉跟踪,以克服由于大规模应用程序变化导致的不稳定性问题。为了解决突然加速和转向变化导致的目标丢失问题,采用了步长控制方法来限制框架输出状态的最大振幅。此外,为了理解该框架的特点,提出了一个命题,证明该离散时间卡尔曼估计器的协方差方程没有有限的稳态值,因此没有收敛性。此外,在大规模实验中分析了影响该跟踪器性能的因素。在 OTB-2013、OTB-2015 和 Temple-Color 数据集上获得的各种实验结果表明,除模糊情况外,KF-STRCF 在大多数情况下都优于 STRCF。特别是对于非模糊视频,该算法实现了更好的性能,并且比 STRCF 更健壮。

（7）为了改进深度学习分类，并实现基于 MCDM 的最佳评估精度和稳健性，以用于 CE 活动期间的高维数据分析，提出了一种用于高维数据分类和分析的新颖的 1D_VGGNet，以克服高维数据过于复杂和不稳定而不可行的问题。而且，1D_VGGNet 在分类精度和耗时方面远远优于 2D_VGGNet。此外，1D_VGGNet 可以直接使用高维数据作为输入数据，而不必像 2D_VGGNet 那样处理二维数据。因此，1D_VGGNet 具有更广泛的适用性。此外，为了解决生成的特征图的不变性问题，可以灵活调整 Maxpooling 的核大小，以有效地满足降低特征图维数和加快不同数据集的训练和预测的要求。该改进对于各种高维数据应用场景是合理的。此外，还提出了一种新的目标函数，用于准确评估网络模型的性能，因为目标函数包括各种具有代表性的性能评估指标，并且计算平均值作为 CE 指标。在 MIT-BIH 心律失常数据库上获得的各种实验结果表明，1D_VGGNet 实现了比 1D_CNN 更好的性能和更强的稳健性，并且在指定的评估指标下实现了 12.1% 的平均增益。

9.2　展望

充分考虑了灾难救援体系中普遍存在的 WSN 网络盲区和 WMSN 的多视角数据融合问题，在移动机器人动态定位技术研究领域取得了一些成果。但由于个人能力有限、阅读文献领域较窄，一些特殊情况有待进一步研究，主要有以下几点：

（1）针对单个移动机器人动态定位算法开展研究。面对多机器人编队协同定位时，出现的信号干扰和信息融合相关研究较少。

（2）将移动机器人作为主动节点，进行自主动态定位研究。机器人自身的方向角信息需要进一步融合。实验环境设定为室内二维空间和三维立体空间领域，室外广袤区域的二维和三维定位算法研究还需要深入探讨。

（3）RSSI 测试模型的噪声过滤优化，以及网络盲区中的虚拟节点产生过程，都是采用卡尔曼滤波数学模型。需要在未来研究中引入更多更好的高效滤波模型。

（4）研究了灾难救援体系中普遍存在的网络盲区问题，提出了稳健性较好的卡尔曼滤波算法。但是，对于 WSN 中新的非视距领域涉猎较少，需要在未来研究中深入讨论。

参 考 文 献

[1] ABDOLLAHZADEH S,NAVIMIPOUR N J. Deployment Strategies in the Wireless Sensor Network: A Comprehensive Review[J]. Computer Communication,2016,91: 1-16.

[2] YADAV S, YADAV R S. A Review On Energy Efficient Protocols In Wireless Sensor Networks[J]. Wireless Networks,2016,22(1): 335-350.

[3] LAU D,EDEN J,OETOMO D. Fluid Motion Planner for Nonholonomic 3-D Mobile Robots With Kinematic Constraints[J]. IEEE Transactions on Robotics,2015,31(6): 1537-1547.

[4] CURIAC D I. Towards Wireless Sensor,Actuator and Robot Networks: Conceptual Framework, Challenges and Perspectives[J]. Journal of Network and Computer Applications,2016,63: 14-23.

[5] CLEMENS J,REINEKING T,KLUTH T. An Evidential Approach to SLAM,Path Planning, and Active Exploration[J]. International Journal of Approxmate Reasoning,2016,73: 1-26.

[6] FENG S, WU C D, ZHANG Y Z, et al. Grid-Based Improved Maximum Likelihood Estimation for Dynamic Localization of Mobile Robots [J]. International Journal of Distributed Sensor Networks,2014,10(3): 271-547.

[7] BOLME D S, BEVERIDGE J R, DRAPER B A, et al. Visual Object Tracking Using Adaptive Correlation Filters[C]. 2010 IEEE Computer Society Conference on Computer Vision and Pattern Recognition,San Francisco:IEEE,2010: 2544-2550.

[8] DANELLJAN M,ROBINSON A,SHAHBAZ KHAN F,et al. Beyond Correlation Filters: Learning Continuous Convolution Operators for Visual Tracking; Proceedings of the European Conference on Computer Vision,F,2016[C]. Amsterdam: Springer,2016.

[9] BERTINETTO L,VALMADRE J,HENRIQUES J F,et al. Fully-Convolutional Siamese Networks for Object Tracking; Proceedings of the European Conference on Computer Vision,F,2016[C]. Amsterdam: Springer,2016.

[10] 冯晟,吴成东,张云洲. 基于改进 APIT 的移动机器人动态定位[J]. 北京邮电大学学报, 2016,39(5): 67-71,88.

[11] ROTH G A,MENSAH G A,JOHNSON C O,et al. Global Burden of Cardiovascular Diseases and Risk Factors,1990-2019: Update from the GBD 2019 Study[J]. Journal of the American College of Cardiology,2020,76(25): 2982-3021.

[12] MA L Y,CHEN W W,GAO R L,et al. China Cardiovascular Diseases Report 2018: An Updated Summary[J]. Journal of Geriatric Cardiology,2020,17(1): 1-8.

[13] LIU C,SPRINGER D,LI Q,et al. An Open Access Database for the Evaluation of Heart Sound Algorithms[J]. Physiological Measurement,2016,37(12): 2181-2213.

[14] FENG S,SHI H,HUANG L,et al. Unknown Hostile Environment-Oriented Autonomous

WSN Deployment Using a Mobile Robot[J]. Journal of Network and Computer Applications, 2021,182: 103053.

[15] ZIOLKO B,EMMS D,ZIOLKO M. Fuzzy Evaluations of Image Segmentations[J]. IEEE Transactions on Fuzzy Systems,2018,26(4): 1789-1799.

[16] GARCIA-FIDALGO E, ORTIZ A. Vision-Based Topological Mapping and Localization Methods: A Survey[J]. Robots and Autonomous Systems,2015,64: 1-20.

[17] VIANI F,ROCCA P,OLIVERI G,et al. Localization,Tracking,and Imaging of Targets in Wireless Sensor Networks: An Invited Review[J]. Radio Science,2011,46(5):1-12.

[18] CHENG L,WU C D,ZHANG Y Z, et al. A Survey of Localization in Wireless Sensor Network[J]. International Journal of Distributed Sensor Networks,2012.

[19] RYU J H,IRFAN M,REYAZ A. A Review on Sensor Network Issues and Robotics[J]. Journal of Sensors,2015.

[20] LIU C,MURRAY A. Applications of Complexity Analysis in Clinical Heart Failure[M]. Berlin:Springer,2017: 301-325.

[21] CHEN W, SUN Q, CHEN X M, et al. Deep Learning Methods for Heart Sounds Classification: A Systematic Review[J]. Entropy-Switz,2021,23(6): Art. ID 667.

[22] DWIVEDI A K, IMTIAZ S A, RODRIGUEZ-VILLEGAS E. Algorithms for Automatic Analysis and Classification of Heart Sounds-A Systematic Review[J]. IEEE Access,2019, 7: 8316-8345.

[23] MADDUMABANDARA A, LEUNG H, LIU M X. Experimental Evaluation of Indoor Localization Using Wireless Sensor Networks[J]. IEEE Sensors Journal, 2015, 15(9): 5228-5237.

[24] CHENG L,WU H,WU C D,et al. Indoor Mobile Localization in Wireless Sensor Network Under Unknown NLOS Errors [J]. International Journal of Distributed Sensor Networks,2013.

[25] LU G Y, YAN Y, REN L,et al. Where am I in the Dark: Exploring Active Transfer Learning on the Use of Indoor Localization Based on Thermal Imaging[J]. Neurocomputing, 2016,173: 83-92.

[26] DO H N,JADALIHA M,CHOI J,et al. Feature Selection for Position Estimation Using an Omnidirectional Camera[J]. Image Vision Comput,2015,39: 1-9.

[27] ALHILAL M S,SOUDANI A,AL-DHELAAN A. Image-Based Object Identification for Efficient Event-Driven Sensing in Wireless Multimedia Sensor Networks[J]. International Journal of Distributed Sensor Networks,2015,11(3): Art. ID 850869.

[28] ALBARELLI A, COSMO L, BERGAMASCO F, et al. Phase-Based Spatio-Temporal Interpolation for Accurate 3D Localization in Camera Networks[J]. Pattern Recogn Lett, 2015,63: 1-8.

[29] DE BARROS R M L, RUSSOMANNO T G, BRENZIKOFER R, et al. A Method to Synchronise Video Cameras Using the Audio Band[J]. Journal of Biomechanics,2006,39 (4): 776-780.

[30] SUNDARARAMAN B,BUY U,KSHEMKALYANI A D J A H N. Clock Synchronization for Wireless Sensor Networks: a survey[J]. Ad Hoc Networks,2005,3(3): 281-323.

[31] YU N,ZHANG L R, REN Y J. BRS-Based Robust Secure Localization Algorithm for Wireless Sensor Networks[J]. International Journal of Distributed Sensor Networks,2013, 9(3): Art. ID 107024.

[32] HAN G J,LIU L,JIANG J F,et al. A Collaborative Secure Localization Algorithm Based on Trust Model in Underwater Wireless Sensor Networks[J]. Sensors-Basel,2016,16(2): Art. ID 229.

[33] HAO B J,GU L M,LI Z,et al. Passive Radar Source Localisation Based on PSAAA Using Single Small Size Aircraft[J]. IET Radar,Sonar&Navigation,2016,10(7): 1191-1200.

[34] LU S P,XU C,ZHONG R Y. An Active RFID Tag-Enabled Locating Approach With Multipath Effect Elimination in AGV[J]. IEEE Transactions on Automation Science and Engeering,2016,13(3): 1333-1342.

[35] BEN-AFIA A,DEAMBROGIO L,SALOS D,et al. Review and Classification of Vision-Based Localisation Techniques in Unknown Environments[J]. Institute of Engineering and Technology Radar,Sonar & Navigation,2014,8(9): 1059-1072.

[36] PENG P X,TIAN Y H,WANG Y W,et al. Robust Multiple Cameras Pedestrian Detection with Multi-View Bayesian Network[J]. Pattern Recognition,2015,48(5): 1760-1772.

[37] ALAHI A,BOURSIER Y,JACQUES L,et al. A Sparsity Constrained Inverse Problem to Locate People in a Network of Cameras[C]. 2009 16th International Conference on Digital Signal Processing,Santorini: IEEE,2009: 1-7.

[38] KHAN S M,YAN P,SHAH M. A Homographic Framework for the Fusion of Multi-View Silhouettes[C]. 2007 IEEE 11th International Conference on Computer Vision,Rio de Janeiro: IEEE,2007: 1-8.

[39] ZHANG Y,WANG T,LIU K,et al. Recent advances of Single-Object Tracking Methods: A Brief Survey[J]. Neurocomputing,2021,455: 1-11.

[40] HORN B K,SCHUNCK B G. Determining Optical Flow[J]. Artificial Intelligence,1981, 17(1-3): 185-203.

[41] LUCAS B D. An Iterative Image Registration Technique with an Application to Stereo Vision (Darpa)[C]. 1981 DARPA Image Understanding Workshop,April,Vancouver: HAL,1981: 121-130.

[42] BOUGUET J-Y. Pyramidal Implementation of the Affine Lucas Kanade Feature Tracker Description of the Algorithm[J]. Intel Corporation,2001,5(1-10): 4.

[43] MAYBECK P S. The Kalman filter: An Introduction to Concepts [M]. Berlin: Springer,1990.

[44] LA SCALA B F,BITMEAD R R. Design of an Extended Kalman Filter Frequency Tracker [J]. IEEE Transactions on Signal Processing,1996,44(3): 739-742.

[45] JULIER S J, UHLMANN J K. Unscented Filtering and Nonlinear Estimation [J]. Proceedings of the IEEE,2004,92(3): 401-422.

[46] NUMMIARO K,KOLLER-MEIER E,VAN GOOL L. An Adaptive Color-Based Particle Filter[J]. Image Vision Computing,2003,21(1):99-110.

[47] COMANICIU D, MEER P. Mean Shift: A Robust Approach Toward Feature Space Analysis[J]. IEEE Transactions on Pattern Analysis Machine Intelligence,2002,24(5): 603-619.

[48] BRADSKI G R. Computer Vision Face Tracking for Use in a Perceptual User Interface [J]. Intel Technology Journal,1998,2(2):12-21.

[49] CASASENT D. Unified Synthetic Discriminant Function Computational Formulation[J]. Applied Optics,1984,23(10):1620-1627.

[50] MAHALANOBIS A, KUMAR B V, CASASENT D. Minimum Average Correlation Energy Filters[J]. Applied Optics,1987,26(17):3633-3640.

[51] MAHALANOBIS A,KUMAR B V,SONG S,et al. Unconstrained Correlation Filters[J]. Applied Optics,1994,33(17):3751-3759.

[52] BOLME D S, DRAPER B A, BEVERIDGE J R. Average of Synthetic Exact Filters; Proceedings of the 2009 IEEE Conference on Computer Vision and Pattern Recognition,F, 2009[C]. IEEE,2009: 2105-2112.

[53] LECUN Y,BENGIO Y,HINTON G. Deep Learning[J]. Nature,2015,521: 436-444.

[54] WANG T,QIAO M,LIN Z,et al. Generative Neural Networks for Anomaly Detection in Crowded Scenes[J]. IEEE Transactions on Information Forensics Security,2018,14(5): 1390-1399.

[55] LECUN Y,BOTTOU L,BENGIO Y,et al. Gradient-Based Learning Applied to Document Recognition[J]. Proceedings of the IEEE,1998,86(11): 2278-2324.

[56] KRIZHEVSKY A, SUTSKEVER I, HINTON G E. ImageNet Classification with Deep Convolutional Neural Networks[J]. Communications of the ACM,2017,60(6): 84-90.

[57] ZEILER M D,FERGUS R. Visualizing and Understanding Convolutional Networks[C]. 13th European Conference on computer vision,zurich: Springer,2014: 818-833.

[58] SIMONYAN K, ZISSERMAN A. Very Deep Convolutional Networks for Large-Scale Image Recognition[Z]. Proceedings of International Conference on Learning Representations, 2015:1-14.

[59] SZEGEDY C, LIU W, JIA Y, et al. Going Deeper with Convolutions[C]. 2015 IEEE Conference on Computer Vision and Pattern Recognition,Boston: IEEE,2015: 1-9.

[60] HE K, ZHANG X, REN S, et al. Deep Residual Learning for Image Recognition[C]. Proceedings of the IEEE Conference on Computer Vision and Pattern Recognition, Las Vegas: IEEE,2016: 770-778.

[61] HUANG G, LIU Z, VAN DER MAATEN L, et al. Densely Connected Convolutional Networks; Proceedings of the Proceedings of the IEEE Conference on Computer Vision and Pattern Recognition,F,2017[C]. Honolulu: IEEE,2017.

[62] HOCHREITER S, SCHMIDHUBER J. Long Short-Term Memory[J]. Neural Comput, 1997,9(8):1735-1780.

[63] GAO S, HUANG Y F, ZHANG S, et al. Short-term Runoff Prediction with GRU and LSTM Networks without Requiring Time Step Optimization During Sample Generation [J]. Journal of Hydrology, 2020, 589: Art. ID 125188.

[64] SHI Y, YAO K, TIAN L, et al. Deep LSTM Based Feature Mapping for Query Classification[C]. Proceedings of the 2016 Conference of the North American Chapter of the Association for Computational Linguistics: Human Language Technologies, San Diego: Human Language technologies, 2016: 1501-1511.

[65] HENRIQUES J F, CASEIRO R, MARTINS P, et al. Exploiting the Circulant Structure of Tracking-by-Detection with Kernels[C]. 12th European Conference on Computer Vision, Florence: Springer, 2012: 702-715.

[66] DALAL N, TRIGGS B. Histograms of Oriented Gradients for Human Detection; Proceedings of the 2005 IEEE Computer Society Conference on Computer Vision and Pattern Recognition (CVPR'05), F, 2005[C]. San Diego: IEEE, 2015.

[67] HENRIQUES J F, CASEIRO R, MARTINS P, et al. High-Speed Tracking with Kernelized Correlation Filters[J]. IEEE Transactions on Pattern Analysis and Machine Intelligence, 2015, 37(3): 583-596.

[68] HONG S, YOU T, KWAK S, et al. Online Tracking by Learning Discriminative Saliency Map with Convolutional Neural Network; Proceedings of the International Conference on Machine Learning, F, 2015[C]. Liue: PMLR, 2015.

[69] HELD D, THRUN S, SAVARESE S. Learning to Track at 100 fps with Deep Regression Networks[C]. 14th European Conference on Computer Vision, Amsterdam: Springer, 2016: 749-765.

[70] CUI Z, XIAO S, FENG J, et al. Recurrently Target-Attending Tracking[C]. 2016 IEEE Conference on Computer Vision and Pattern Recognition, Las Vegas: IEEE, 2016: 1449-1458.

[71] NING G, ZHANG Z, HUANG C, et al. Spatially Supervised Recurrent Convolutional Neural Networks for Visual Object Tracking[C]. 2017 IEEE International Symposium on Circuits and Systems (ISCAS), Baltimore: IEEE, 2017: 1-4.

[72] REDMON J, DIVVALA S, GIRSHICK R, et al. You Only Look Once: Unified, Real-Time Object Detection[C]. 2016 IEEE Conference on Computer Vision and Pattern Recognition, Las Vegas: IEEE, 2016: 779-788.

[73] TAO R, GAVVES E, SMEULDERS A W. Siamese Instance Search for Tracking[C]. 2016 IEEE Conference on Computer Vision and Pattern Recognition, Las Vagas: IEEE, 2016: 1420-1429.

[74] LI B, YAN J, WU W, et al. High Performance Visual Tracking with Siamese Region Proposal Network[C]. 2018 IEEE/CVF Conference on Computer Vision and Pattern Recognition, Salt Lake City: IEEE, 2018: 8971-8980.

[75] WANG X, SHRIVASTAVA A, GUPTA A. A-fast-rcnn: Hard Positive Generation Via Adversary for Object Detection[C]. 2017 IEEE Conference on Computer Vision and Pattern Recognition (CVPR), Hondulu: IEEE, 2017: 2606-2615.

[76] DONG X,SHEN J,SHAO L,et al. CLNet：A Compact Latent Network for Fast Adjusting Siamese Trackers；Proceedings of the European Conference on Computer Vision,F,2020[C]. Springer.

[77] SHEN J B,TANG X,DONG X P,et al. Visual Object Tracking by Hierarchical Attention Siamese Network[J]. Ieee Transactions on Cybernetics,2020,50(7)：3068-3080.

[78] DONG X P,SHEN J B,WANG W G,et al. Dynamical Hyperparameter Optimization Via Deep Reinforcement Learning in Tracking[J]. IEEE Transactions on Pattern Analysis and Machine Intelligence,2021,43(5)：1515-1529.

[79] BOZKURT B,GERMANAKIS I,STYLIANOU Y. A Study of Time-Frequency Features for CNN-Based Automatic Heart Sound Classification for Pathology Detection [J]. Computers in Biology and Medicine,2018,100：132-143.

[80] ALAFIF T,BOULARES M,BARNAWI A,et al. Normal and Abnormal Heart Rates Recognition Using Transfer Learning[C]. 2020 12th International Conference on Knowledge and Systems Engineering (KSE),can Tho：IEEE,2020：275-280.

[81] DOMINGUEZ-MORALES J P,JIMENEZ-FERNANDEZ A F,DOMINGUEZ-MORALES M J,et al. Deep Neural Networks for the Recognition and Classification of Heart Murmurs Using Neuromorphic Auditory Sensors[J]. IEEE Transactions on Biomedical Circuits and Systems S,2018,12(1)：24-34.

[82] RUBIN J,ABREU R,GANGULI A,et al. Classifying Heart Sound Recordings Using Deep Convolutional Neural Networks and Mel-Frequency Cepstral Coefficients；Proceedings of the 2016 Computing in Cardiology Conference (CinC),F,2016[C]. Vancouver：IEEE,2016.

[83] SPRINGER D B,TARASSENKO L,CLIFFORD G D. Logistic Regression-HSMM-Based Heart Sound Segmentation[J]. IEEE Transactions on Biomedical Engineering,2016,63(4)：822-832.

[84] DENG M Q,MENG T T,CAO J W,et al. Heart Sound Classification Based on Improved MFCC Features and Convolutional Recurrent Neural Networks[J]. Neural Networks,2020,130：22-32.

[85] XIAO B,XU Y Q,BI X L,et al. Follow the Sound of Children's Heart：A Deep-Learning-Based Computer-Aided Pediatric CHDs Diagnosis System[J]. IEEE Internet of Things Journal,2020,7(3)：1994-2004.

[86] XU Y,XIAO B,BI X,et al. Pay More Attention with Fewer Parameters：A Novel 1-D Convolutional Neural Network for Heart Sounds Classification[C]. 2018 Computing in Cardiology Conference (CinC),Maastrichti：IEEE,2018：1-4.

[87] KHAN F A, ABID A, KHAN M S. Automatic Heart Sound Classification from Segmented/Unsegmented Phonocardiogram Signals Using Time and Frequency Features [J]. Physiological Measurement,2020,41(5)：Art. ID 055006.

[88] NOMAN F,TING C-M,SALLEH S-H,et al. Short-Segment Heart Sound Classification Using an Ensemble of Deep Convolutional Neural Networks[C]. ICASSP 2019-2019 IEEE International Conference on Acoustics,Speech and Signal Processing (ICASSP),Brighton：

IEEE,2019: 1318-1322.

[89]　POTES C,PARVANEH S,RAHMAN A,et al. Ensemble of Feature-Based and Deep Learning-Based Classifiers for Detection of Abnormal Heart Sounds[C]. 2016 Computing in Cardiology Conference (CinC),Vancouver: IEEE,2016: 621-624.

[90]　TSCHANNEN M,KRAMER T,MARTI G,et al. Heart Sound Classification Using Deep Structured Features[C]. 2016 Computing in Cardiology Conference (CinC),Vancouver: IEEE,2016: 565-568.

[91]　WU J M-T,TSAI M-H,HUANG Y Z,et al. Applying an Ensemble Convolutional Neural Network with Savitzky-Golay Filter to Construct a Phonocardiogram Prediction Model[J]. Applied Soft Computing,2019,78: 29-40.

[92]　LI S,LI F,TANG S,et al. A Review of Computer-Aided Heart Sound Detection Techniques[J]. BioMed Research International,2020,19(2):133-143.

[93]　THALMAYER A,ZEISING S,FISCHER G,et al. A Robust and Real-Time Capable Envelope-Based Algorithm for Heart Sound Classification: Validation Under Different Physiological Conditions[J]. Sensors-Basel,2020,20(4): 972.

[94]　KAPEN P T,YOUSSOUFA M,KOUAM S U K,et al. Phonocardiogram: A Robust Algorithm for Generating Synthetic Signals and Comparison with Real Life Ones[J]. Biomedical Signal Processing and Control,2020,60,Art. ID 101983.

[95]　GIORDANO N,KNAFLITZ M. A Novel Method for Measuring the Timing of Heart Sound Components Through Digital Phonocardiography [J]. Sensors-Basel, 2019, 19 (8): 1868.

[96]　MALARVILI M,KAMARULAFIZAM I,HUSSAIN S,et al. Heart Sound Segmentation Algorithm Based on Instantaneous Energy of Electrocardiogram [C]. Computers in Cardiology,2003,Thessaloniki: IEEE,2003: 327-330.

[97]　OLIVEIRA J,RENNA F,MANTADELIS T,et al. Adaptive Sojourn Time HSMM for Heart Sound Segmentation[J]. IEEE Journal of Biomedical and Health Informatics,2019, 23(2): 642-649.

[98]　CHEN T E,YANG S I,HO L T,et al. S1 and S2 Heart Sound Recognition Using Deep Neural Networks [J]. IEEE Transactions on Biomedical Engineering, 2017, 64 (2): 372-380.

[99]　LIU Q S,WU X M,MA X J. An Automatic Segmentation Method for Heart Sounds[J]. Biomed Eng Online,2018,17: 22-29.

[100]　DENG S W,HAN J Q. Towards Heart Sound Classification Without Segmentation Via Autocorrelation Feature and Diffusion Maps[J]. Future Generation Computer System, 2016,60: 13-21.

[101]　NOGUEIRA D M,FERREIRA C A,GOMES E F,et al. Classifying Heart Sounds Using Images of Motifs,MFCC and Temporal Features[J]. Journal of Medical Systems,2019, 43(6): 168.

[102]　SOETA Y,BITO Y. Detection of Features of Prosthetic Cardiac Valve Sound by

Spectrogram Analysis[J]. Applied Acoustics,2015,89: 28-33.

[103] CHAKIR F,JILBAB A,NACIR C,et al. Phonocardiogram Signals Processing Approach for PASCAL Classifying Heart Sounds Challenge[J]. Signal Image Video P,2018,12(6): 1149-1155.

[104] SCHUSTER M,PALIWAL K K. Bidirectional Recurrent Neural Networks[J]. IEEE Transactions on Signal Processing,1997,45(11): 2673-2681.

[105] 吴成东,冯晟,张云洲. 基于异步卡尔曼滤波的移动机器人动态定位[J]. 东北大学学报（自然科学版）,2013,34(3): 312-316.

[106] CHO H,KIM S W. Mobile Robot Localization Using Biased Chirp-Spread-Spectrum Ranging[J]. IEEE Transactions on Industrial Electronics,2010,57(8): 2826-2835.

[107] MYUNG H,LEE H K,CHOI K,et al. Mobile Robot Localization with Gyroscope and Constrained Kalman Filter [J]. The International Journal of Control,2010,8(3): 667-676.

[108] MARTIROSYAN A,BOUKERCHE A. LIP: An Efficient Lightweight Iterative Positioning Algorithm for Wireless Sensor Networks[J]. Wireless Networks,2016,22(3): 825-838.

[109] HAN G J,XU H H,JIANG J F,et al. Path Planning Using a Mobile Anchor Node Based on Trilateration in Wireless Sensor Networks[J]. Wireless Communications Mobible Computing,2013,13(14): 1324-1336.

[110] RAMAR R,SHANMUGASUNDARAM R. Connected k-Coverage Topology Control for Area Monitoring in Wireless Sensor Networks[J]. Wireless Personal Communications,2015,84(2): 1051-1067.

[111] SAEEDI S,TRENTINI M,SETO M,et al. Multiple-Robot Simultaneous Localization and Mapping: A Review[J]. Journal of Field Robotics,2016,33(1): 3-46.

[112] FENG S,WU C,ZHANG Y. Passive Target Localization in Multi-View System[C]. 2016 35th Chinese Control Conference (CCC),Chengdu: IEEE,2016: 8444-8447.

[113] OTERO J,SANCHEZ L. Local Iterative DLT Soft-Computing vs. Interval-Valued Stereo Calibration and Triangulation with Uncertainty Bounding in 3D Reconstruction[J]. Neurocomputing,2015,167: 44-51.

[114] HU W,HU M,ZHOU X,et al. Principal Axis-Based Correspondence Between Multiple Cameras for People Tracking[J]. IEEE Transactions on Pattern Analysis Machine Intelligence,2006,28(4): 663-671.

[115] PHAM D M,AZIZ S M. Object Extraction Scheme and Protocol for Energy Efficient Image Communication Over Wireless Sensor Networks[J]. Comput Netw,2013,57(15): 2949-2960.

[116] PAHLAVAN K,KRISHNAMURTHY P,GENG Y S. Localization Challenges for the Emergence of the Smart World[J]. Ieee Access,2015,3: 3058-3067.

[117] LI W,PORTILLA J,MORENO F,et al. Multiple Feature Points Representation in Target Localization of Wireless Visual Sensor Networks[J]. Journal of Network and Computer Applications,2015,57: 119-128.

[118] DEVARAJAN D,RADKE R J,CHUNG H. Distributed Metric Calibration of Ad Hoc Camera Networks[J]. Acm T Sensor Network,2006,2(3):380-403.

[119] HE Y,LIU Y H,SHEN X F, et al. Noninteractive Localization of Wireless Camera Sensors with Mobile Beacon[J]. IEEE T Mobile Comput,2013,12(2):333-345.

[120] MISHRA D,MATAS J. The Visual Object Tracking VOT2017 Challenge Results; Proceedings of the 2017 IEEE International Conference on Computer Vision Workshops (ICCVW),F,2017[C]. Venice:IEEE,2017.

[121] DANELLJAN M,HAGER G,SHAHBAZ KHAN F,et al. Learning Spatially Regularized Correlation Filters for Visual Tracking; Proceedings of the Proceedings of the IEEE International Conference on Computer Vision,F,2015[C]. Santiago: IEEE,2015.

[122] LI F,TIAN C,ZUO W,et al. Learning Spatial-Temporal Regularized Correlation Filters for Visual Tracking[C]. 2018 IEEE/CVF Conference on Computer Vision and Pattern Recognition. Salt Lake City:IEEE,2018:4904-4913.

[123] WANG J,LIU W B,XING W W,et al. A Framework of Tracking by Multi-Trackers with Multi-Features in a Hybrid Cascade Way[J]. Signal Process-Image,2019,78:306-321.

[124] XU T Y,FENG Z H,WU X J,et al. Learning Adaptive Discriminative Correlation Filters Via Temporal Consistency Preserving Spatial Feature Selection for Robust Visual Object Tracking[J]. IEEE Transactions on Image Processing,2019,28(11):5596-5609.

[125] GUO Y J,YANG D Q,CHEN Z Z. Object Tracking on Satellite Videos: A Correlation Filter-Based Tracking Method with Trajectory Correction by Kalman Filter[J]. IEEE J-Stars,2019,12(9):3538-3551.

[126] ZHANG Y B,XIAO M L,WANG Z H,et al. Robust Three-Stage Unscented Kalman Filter for Mars Entry Phase Navigation[J]. Information Fusion,2019,51:67-75.

[127] KAUR H,KOUR S,SEN D. Video Retargeting Through Spatio-Temporal Seam Carving Using Kalman Filter[J]. Iet Image Process,2019,13(11):1862-1871.

[128] HUANG Y L,ZHANG Y G,SHI P,et al. Robust Kalman Filters Based on Gaussian Scale Mixture Distributions With Application to Target Tracking[J]. IEEE T Syst Man Cy-S,2019,49(10):2082-2896.

[129] KANG S W,KIM J S,KIM G W. Road Roughness Estimation Based on Discrete Kalman Filter with Unknown Input[J]. Vehicle Syst Dyn,2019,57(10):1530-1544.

[130] LI C I,CHEN G D,SUNG T Y,et al. Novel Adaptive Kalman Filter with Fuzzy Neural Network for Trajectory Estimation System[J]. Int J Fuzzy Syst,2019,21(6):1649-1660.

[131] KARIMI H S,NATARAJAN B. Kalman Filtered Compressive Sensing with Intermittent Observations[J]. Signal Process,2019,163:49-58.

[132] SU Z Y,LI J,CHANG J,et al. Real-Time Visual Tracking Using Complementary Kernel Support Correlation Filters[J]. Front Comput Sci-Chi,2020,14(2):417-429.

[133] GUAN B,ZHAO Y,YIN Y,et al. A Differential Evolution Based Feature Combination Selection Algorithm for High-Dimensional Data[J]. Inform Sciences,2021,547:870-886.

[134] AHMED S E,AMIRI S,DOKSUM K. Ensemble Linear Subspace Analysis of High-

Dimensional Data[J]. Entropy-Switz,2021,23(3)：324.

[135] LI Y,CHAI Y,YIN H,et al. A Novel Feature Learning Framework for High-Dimensional Data Classification[J]. International Journal of Machine Learning Cybernetics,2021,12 (2)：555-569.

[136] SALESI S, COSMA G, MAVROVOUNIOTIS M. Taga：Tabu Asexual Genetic Algorithm Embedded in a Filter/Filter Feature Selection Approach for High-Dimensional Data[J]. Inform Sciences,2021,565：105-127.

[137] WICKRAMASINGHE C S, MARINO D L, MANIC M. ResNet Autoencoders for Unsupervised Feature Learning From High-Dimensional Data：Deep Models Resistant to Performance Degradation[J]. IEEE Access,2021,9：40511-40520.

[138] WANG S-J,HE Y,LI J,et al. MESNet：A Convolutional Neural Network for Spotting Multi-Scale Micro-Expression Intervals in Long Videos[J]. IEEE Transactions on Image Processing,2021,30：3956-3969.

[139] ZHANG M, LI H, PAN S, et al. Convolutional Neural Networks-Based Lung Nodule Classification：A Surrogate-Assisted Evolutionary Algorithm for Hyperparameter Optimization [J]. IEEE Transactions on Evolutionary Computation,2021,25(5)：869-882.

[140] XIAO B,XU B,BI X,et al. Global-Feature Encoding U-Net (GEU-Net) for Multi-Focus Image Fusion[J]. IEEE Transactions on Image Processing,2020,30：163-175.

[141] SIMONYAN K, ZISSERMAN A. Very Deep Convolutional Networks for Large-Scale Image Recognition；Proceedings of the International Conference on Learning Representation, F,2014[C]. Banff：Comell University,2014.

[142] DING JR I, ZHENG N-W, HSIEH M-C. Hand Gesture Intention-Based Identity Recognition Using Various Recognition Strategies Incorporated with VGG Convolution Neural Network-Extracted Deep Learning Features[J]. Journal of Intelligent Fuzzy Systems,2021,40(4)：7775-7788.

[143] HE J,WU P,TONG Y,et al. Bearing Fault Diagnosis Via Improved One-Dimensional Multi-Scale Dilated CNN[J]. Sensors-Basel,2021,21(21)：7319.

[144] RAGAB M G,ABDULKADIR S J,AZIZ N,et al. A Novel One-Dimensional CNN with Exponential Adaptive Gradients for Air Pollution Index Prediction[J]. Sustainability-Basel,2020,12(23)：10090.

[145] LI Z,LIU F,YANG W,et al. A Survey of Convolutional Neural Networks：Analysis, Applications, and Prospects[J]. IEEE Transactions on Neural Networks Learning Systems,2021：1-21.

[146] KANG B, PARK I, OK C, et al. ODPA-CNN：One Dimensional Parallel Atrous Convolution Neural Network for Band-Selective Hyperspectral Image Classification[J]. Applied Sciences,2021,12(1)：174.

[147] DAI H,HUANG G,WANG J,et al. Prediction of Air Pollutant Concentration Based on One-Dimensional Multi-Scale CNN-LSTM Considering Spatial-Temporal Characteristics：A Case Study of Xi'an,China[J]. Atmosphere,2021,12(12)：1626.

[148] CHEIKHROUHOU O, MAHMUD R, ZOUARI R, et al. One-Dimensional CNN Approach for ECG Arrhythmia Analysis in Fog-Cloud Environments[J]. IEEE Access, 2021,9: 103513-1033523.

[149] YANG T-C I, HSIEH H. Classification of Acoustic Physiological Signals Based on Deep Learning Neural Networks with Augmented Features[C]. 2016 Computing in Cardiology Conference (CinC), Vancouver: IEEE, 2016: 569-572.

[150] RAZA A, MEHMOOD A, ULLAH S, et al. Heartbeat Sound Signal Classification Using Deep Learning[J]. Sensors-Basel, 2019, 19(21): Art. ID 4819.

[151] LATIF S, USMAN M, RANA R, et al. Phonocardiographic Sensing Using Deep Learning for Abnormal Heartbeat Detection[J]. IEEE Sens J, 2018, 18(22): 9393-9400.

[152] LIU C Y, SPRINGER D, CLIFFORD G D. Performance of an Open-Source Heart Sound Segmentation Algorithm on Eight Independent Databases [J]. Physiological Measurement, 2017, 38(8): 1730-1745.

[153] NEIL D, PFEIFFER M, LIU S-C. Phased Lstm: Accelerating Recurrent Network Training for Long or Event-Based Sequences[J]. Advances in Neural Information Processing Systems, 2016, 29: 3882-3890.

[154] MOODY G B, MARK R G. The Impact of the MIT-BIH Arrhythmia Database[J]. IEEE Engineering in Medicine Biology Magazine, 2001, 20(3): 45-50.

[155] ZANCA G, ZORZI F, ZANELLA A, et al. Experimental Comparison of RSSI-Based Localization Algorithms for Indoor Wireless Sensor Networks[C]. 2008 Proceedings of the Workshop on Real-World Wireless Sensor Networks. Glasgow: Association for Computing Machinery, 2008: 1-5.

[156] LI X F, CHEN L F, WANG J P, et al. Fuzzy System and Improved APIT (FIAPIT) Combined Range-Free Localization Method for WSN[J]. Ksii T Internet Inf, 2015, 9(7): 2414-2434.

[157] OLIVA G, PANZIERI S, PASCUCCI F, et al. Sensor Networks Localization: Extending Trilateration Via Shadow Edges[J]. IEEE T Automat Contr, 2015, 60(10): 2752-2755.

[158] CLARK B N, COLBOURN C J, JOHNSON D S. Unit Disk Graphs [J]. Discrete Mathematics, 1990, 86(1-3): 165-177.

[159] CHOI J W, HUHTALA K. Constrained Global Path Optimization for Articulated Steering Vehicles[J]. IEEE Transactions on Vehicular Technology, 2016, 65(4): 1868-1879.

[160] HAN G J, ZHANG C Y, LLORET J, et al. A Mobile Anchor Assisted Localization Algorithm Based on Regular Hexagon in Wireless Sensor Networks[J]. Sci World J, 2014.

[161] AREZOUMAND R, MASHOHOR S, MARHABAN M H. Efficient Terrain Coverage for Deploying Wireless Sensor Nodes on Multi-Robot System[J]. Intel Serv Robot, 2016, 9 (2): 163-175.

[162] MACWAN A, VILELA J, NEJAT G, et al. A Multirobot Path-Planning Strategy for Autonomous Wilderness Search and Rescue[J]. IEEE Transactions on Cybernetics, 2015, 45(9): 1784-1797.

[163] ROUT M,ROY R. Dynamic Deployment of Randomly Deployed Mobile Sensor Nodes,in the Presence of Obstacles[J]. Ad Hoc Netw,2016,46: 12-22.

[164] ASPNES J,EREN T,GOLDENBERG D K,et al. A Theory of Network Localization[J]. IEEE T Mobile Comput,2006,5(12): 1663-1678.

[165] WIKIPEDIA. Points on a Line[Z]. Wikimedia Foundation,Inc.

[166] WIKIPEDIA. Distance Geometry[Z]. Wikimedia Foundation,Inc.

[167] WIKIPEDIA. Heron's Formula[Z]. Wikimedia Foundation,Inc.

[168] ZHANG Z. A Flexible New Technique for Camera Calibration[J]. IEEE Transactions on Pattern Analysis Machine Intelligence,2000,22(11): 1330-1334.

[169] QIAO Y,TANG Y,LI J. Improved Harris Sub-Pixel Corner Detection Algorithm for Chessboard Image;Proceedings of 2013 2nd International Conference on Measurement, Information and Control,F,2013[C]. Harbin:IEEE,2013.

[170] BERGER A, PICHLER M, KLINGLMAYR J, et al. Low-Complex Synchronization Algorithms for Embedded Wireless Sensor Networks[J]. IEEE T Instrum Meas,2015,64 (4): 1032-1042.

[171] 钱江波,董逸生.一种基于广度优先搜索邻居的聚类算法[J].东南大学学报(自然科学版),2004,34(1): 109-112.

[172] ROWE A,GOODE A,GOEL D,et al. CMUcam3:An Open Programmable Embedded Vision Sensor;Proceedings of the International Conferences on Intelligent Robots and Systems,F,2007[C].

[173] DJELOUAH A, FRANCO J-S, BOYER E, et al. Sparse Multi-View Consistency for Object Segmentation[J]. IEEE Transactions on Pattern Analysis Machine Intelligence, 2014,37(9): 1890-1903.

[174] HOUSSINEAU J, CLARK D E, IVEKOVIC S, et al. A Unified Approach for Multi-Object Triangulation,Tracking and Camera Calibration[J]. IEEE T Signal Proces,2016, 64(11): 2934-2948.

[175] BOUGUET J-Y. Camera Calibration Toolbox for Matlab[J/OL]. [2004.1.7]. http://www. vision. caltech. edu/bouguetj/calib-doc/index. html.

[176] KARAKAYA M,QI H R. Collaborative Localization in Visual Sensor Networks[J]. Acm T Sensor Network,2014,10(2):1-24.

[177] XU Y,ZHOU X,CHEN S,et al. Deep Learning for Multiple Object Tracking:A Survey [J]. IET Computer Vision,2019,13(4): 355-368.

[178] WANG D,FANG W,CHEN W,et al. Model Update Strategies About Object Tracking: A State of the Art Review[J]. Electronics,2019,8(11): 1207.

[179] WU Y,LIM J,YANG M-H. Online Object tracking:A Benchmark;Proceedings of the IEEE Conference on Computer Vision and Pattern Recognition,F,2013[C]. Portland: IEEE,2013.

[180] LIANG P, BLASCH E, LING H. Encoding Color Information for Visual Tracking: Algorithms and Benchmark[J]. IEEE Transactions on Image Processing,2015,24(12):

5630-5644.

[181]　WU Y,LIM J,YANG M H. Object Tracking Benchmark[J]. IEEE T Pattern Anal,
2015,37(9):1834-1848.

[182]　XU J H,CAI C,NING J F,et al. Robust Correlation Filter Tracking Via Context Fusion
and Subspace Constraint[J]. J Vis Commun Image R,2019,62:182-192.

[183]　FENG S,SHEN S,HUANG L,et al. Three-Dimensional Robot Localization Using
Cameras in Wireless Multimedia Sensor Networks[J]. Journal of Network Computer
Applications,2019,146:102425.

[184]　FENG S,WU C,ZHANG Y,et al. Collaboration Calibration and Three-Dimensional
Localization in Multi-View System[J]. International Journal of Advanced Robotic
Systems,2018,15(6):Art. ID 1729881418813778.

[185]　FUNK N. A Study of the Kalman Filter Applied to Visual Tracking[J]. University of
Alberta,Project for CMPUT,2003,652(6):1-26.

[186]　GALOOGAHI H K,SIM T,LUCEY S. Multi-Channel Correlation Filters[C]. 2013
IEEE International Conference on Computer Vision,Sydney:IEEE,2013:3072-3079.

[187]　PéREZ P,HUE C,VERMAAK J,et al. Color-Based Probabilistic Tracking[C]. 2022
European Conference on Computer Vision,Berlin:Springer,2002:661-675.

[188]　COMANICIU D,RAMESH V,MEER P. Kernel-Based Object Tracking[J]. IEEE
Transactions on Pattern Analysis Machine Intelligence,2003,25(5):564-577.

[189]　COLLINS R T. Mean-Shift Blob Tracking Through Scale Space;Proceedings of the 2003
IEEE Computer Society Conference on Computer Vision and Pattern Recognition,2003
Proceedings,F,2003[C]. IEEE.

[190]　ADAM A,RIVLIN E,SHIMSHONI I. Robust Fragments-Based Tracking Using the
Integral Histogram[C]. 2006 IEEE Computer Society Conference on Computer Vision
and Pattern Recognition (CVPR'06),New York:IEEE,2006:798-805.

[191]　GRABNER H,GRABNER M,BISCHOF H. Real-Time Tracking Via On-Line Boosting
[C]. Proceedings of British Machine Vision Conference,Edinburgh:BMVA Press,2006:
47-56.

[192]　ROSS D A,LIM J,LIN R S,et al. Incremental Learning for Robust Visual Tracking[J].
International Journal of Computer Vision,2008,77(1-3):125-141.

[193]　GRABNER H,LEISTNER C,BISCHOF H. Semi-Supervised On-Line Boosting for
Robust Tracking;Proceedings of the European Conference on Computer Vision,F,2008
[C]. Springer.

[194]　BABENKO B,YANG M-H,BELONGIE S. Visual Tracking with Online Multiple
Instance Learning[C]. 2009 IEEE Conference on Computer Vision and Pattern
Recognition,Miami:IEEE,2009:983-990.

[195]　STALDER S,GRABNER H,VAN GOOL L. Beyond Semi-Supervised Tracking:
Tracking Should Be as Simple as Detection,but not Simpler than Recognition;Proceedings of
the 2009 IEEE 12th International Conference on Computer Vision Workshops,ICCV

Workshops, F, 2009[C]. Kyoto: IEEE, 2009.

[196] KALAL Z, MATAS J, MIKOLAJCZYK K. Pn Learning: Bootstrapping Binary Classifiers by Structural Constraints; Proceedings of the 2010 IEEE Computer Society Conference on Computer Vision and Pattern Recognition, F, 2010[C]. SanFrancisco: IEEE, 2010.

[197] KWON J, LEE K M. Visual Tracking Decomposition; Proceedings of the 2010 IEEE Computer Society Conference on Computer Vision and Pattern Recognition, F, 2010[C]. San Francisico: IEEE, 2010.

[198] DINH T B, VO N, MEDIONI G. Context Tracker: Exploring Supporters and Distracters in Unconstrained Environments; Proceedings of the CVPR 2011, F, 2011[C]. Colorado Springs: IEEE, 2010.

[199] LIU B, HUANG J, YANG L, et al. Robust Tracking Using Local Sparse Appearance Model and K-Selection; Proceedings of the CVPR 2011, F, 2011[C]. Colorado Springs: IEEE, 2011.

[200] HARE S, GOLODETZ S, SAFFARI A, et al. Struck: Structured Output Tracking with Kernels[J]. IEEE T Pattern Anal, 2016, 38(10): 2096-2109.

[201] KWON J, LEE K M. Tracking by Sampling Trackers[C]. 2011 International Conference on Computer Vision, Barcelona: IEEE, 2011: 1195-1202.

[202] JIA X, LU H, YANG M-H. Visual Tracking Via Adaptive Structural Local Sparse Appearance Model[C]. 2012 IEEE Conference on Computer Vision and Pattern Recognition, Providence: IEEE, 2012: 1822-1829.

[203] SEVILLA-LARA L, LEARNED-MILLER E. Distribution Fields for Tracking[C]. 2012 IEEE Conference on Computer Vision and Pattern Recognition, Providence: IEEE, 2012: 1910-1917.

[204] BAO C, WU Y, LING H, et al. Real Time Robust l1 Tracker Using Accelerated Proximal Gradient Approach[C]. 2012 IEEE Conference on Computer Vision and Pattern Recognition, Providence: IEEE, 2012: 1830-1837.

[205] ORON S, BAR-HILLEL A, LEVI D, et al. Locally Orderless Tracking[J]. International Journal of Computer Vision, 2015, 111(2): 213-228.

[206] ZHANG T, GHANEM B, LIU S. Robust Visual Tracking Via Multi-Task Sparse Learning[Z]. IEEE Conference on Computer Vision and Pattern Recognition. Providence, RI, USA: IEEE. 2012: 2042-2049.

[207] WU Y, SHEN B, LING H. Online Robust Image Alignment Via Iterative Convex Optimization[C]. 2012 IEEE Conference on Computer Vision and Pattern Recognition, Providence: IEEE, 2012: 1808-1814.

[208] ZHONG W, LU H, YANG M-H. Robust Object Tracking Via Sparsity-Based Collaborative Model[C]. 2012 IEEE Conference on Computer Vision and Pattern Recognition, Providence: IEEE, 2012: 1838-1845.

[209] ZHANG K, ZHANG L, YANG M-H. Real-Time Compressive Tracking[C]. 2012

European Conference on Computer Vision，Berlin：Springer，2012：864-877.

[210] COLLINS R，ZHOU X，TEH S K. An Open Source Tracking Testbed and Evaluation Web Site；Proceedings of the IEEE International Workshop on Performance Evaluation of Tracking and Surveillance，F，2005[C]. Beijing：IEEE，2005.

[211] ABUALIGAH L，DIABAT A，ABD ELAZIZ M. Intelligent Workflow Scheduling for Big Data Applications in IoT Cloud Computing Environments[J]. Cluster Comput，2021，24 (4)：2957-2976.

[212] RAZA A，TRAN K P，KOEHL L，et al. Designing ECG Monitoring Healthcare System with Federated Transfer Learning and Explainable AI[J]. Knowledge-Based Systems，2022，236：Art. ID 107763.

[213] DEL AMO I F，ERKOYUNCU J A，FARSI M，et al. Hybrid Recommendations and Dynamic Authoring for AR Knowledge Capture and Re-Use in Diagnosis Applications [J]. Knowledge-Based Systems，2022，239：Art. ID 107954.

[214] FENG S，HU K，FAN E，et al. Kalman Filter for Spatial-Temporal Regularized Correlation Filters[J]. IEEE Transactions on Image Processing，2021，30：3263-3278.

[215] BELIAKOV G，GAGOLEWSKI M，JAMES S. Hierarchical Data Fusion Processes Involving the Mobius Representation of Capacities[J]. Fuzzy Set Syst，2022，433：1-21.

[216] QIN Y，WANG X X，XU Z S. Ranking Tourist Attractions Through Online Reviews：A Novel Method with Intuitionistic and Hesitant Fuzzy Information Based on Sentiment Analysis[J]. Int J Fuzzy Syst，2022，24(2)：755-777.

[217] SALEHI A W，KHAN S，GUPTA G，et al. A Study of CNN and Transfer Learning in Medical Imaging：Advantages，Challenges，Future Scope[J]. Sustainability，2023，15(7)：Art. ID 5930.

[218] HE Y，X G. Radio Signal Searching Based on Convolution Neural Network[J]. Ordnance Industry Automation，2017，36(10)：88-92.

[219] CHITTURI S R，RATNER D，WALROTH R C，et al. Automated Prediction of Lattice Parameters From X-Ray Powder Diffraction Patterns[J]. J Appl Crystallogr，2021，54：1799-1810.

[220] KINGMA D P，BA J. Adam：A Method for Stochastic Optimization[J]. ArXiv Preprint ArXiv，2014：07641.

[221] CLIFFORD G D，LIU C，MOODY B，et al. AF Classification From a Short Single Lead ECG Recording：The PhysioNet/Computing in Cardiology Challenge[C]. 2017 Computing in Cardiology (CinC)，Rennes：IEEE，2017：1-4.